练习的心态

如何培养耐心、专注和自律

[美] 托马斯 M. 斯特纳（Thomas M. Sterner）著
王正林 译

* * *

The Practicing Mind
Developing Focus and Discipline in Your Life

机械工业出版社
CHINA MACHINE PRESS

图书在版编目（CIP）数据

练习的心态：如何培养耐心、专注和自律 /（美）托马斯 M. 斯特纳（Thomas M. Sterner）著；王正林译 . —北京：机械工业出版社，2016.11（2025.9 重印）
书名原文：The Practicing Mind: Developing Focus and Discipline in Your Life

ISBN 978-7-111-55310-6

I. 练… II. ①托… ②王… III. 成功心理 – 通俗读物 IV. B848.4-49

中国版本图书馆 CIP 数据核字（2016）第 257346 号

北京市版权局著作权合同登记　图字：01-2016-7122 号。

Thomas M. Sterner. The Practicing Mind: Developing Focus and Discipline in Your Life.
Copyright © 2005, 2012 by Thomas M. Sterner.
Chinese (Simplified Characters only) Trade Paperback Copyright © 2016 by China Machine Press.

This edition arranged with New World Library through Big Apple Tuttle-Mori Agency, Inc. This edition is authorized for sale in the Chinese mainland (excluding Hong Kong SAR, Macao SAR and Taiwan).

No part of this book may be reproduced or transmitted in any form or by any means, electronic or mechanical, including photocopying, recording or any information storage and retrieval system, without permission, in writing, from the publisher.

All rights reserved.

本书中文简体字版由 New World Library 通过 Big Apple Tuttle-Mori Agency, Inc. 授权机械工业出版社在中国大陆地区（不包括香港、澳门特别行政区及台湾地区）独家出版发行。未经出版者书面许可，不得以任何方式抄袭、复制或节录本书中的任何部分。

练习的心态：如何培养耐心、专注和自律

出版发行：机械工业出版社（北京市西城区百万庄大街22号　邮政编码：100037）
责任编辑：朱婧琬
责任校对：董纪丽
印　　刷：固安县铭成印刷有限公司
版　　次：2025年9月第1版第32次印刷
开　　本：147mm×210mm　1/32
印　　张：5.75
书　　号：ISBN 978-7-111-55310-6
定　　价：49.00元

客服电话：(010) 88361066　68326294

版权所有 • 侵权必究
封底无防伪标均为盗版

{ 赞 誉 }

　　托马斯·斯特纳的这本书，道出了我人生各方面的一些有益信息。读了本书，我作为企业领导者，变得更加高效；作为公开演说家，变得更有激情；作为家长，变得更加专心；而且，我从周末爱好中找到了更多乐趣，也进一步提高了技能。本书帮助我意识到，实现目标的方式与目标本身同等重要，甚至更重要。人生是一段旅程，不是一个目的地。感谢斯特纳先生，我热爱这段旅程。

——拉尔夫·西提诺（Ralph Citino），职业银行家

　　本书饶有趣味地将我们生活中的难事转变成乐事，为我们提供了一种简单实用且易于理解的方法，让我们改变了对人生旅程中最具挑战性或者最平凡的经历的看法。托马斯·斯特纳使用清晰易懂的语言和有趣的个人故事向我们表明，通过细致地专注于实现目标的过程，我们可以不再过度依恋自身无法控制的结果。如果每个人都能从本书中吸收作者提出的明智的建议，那么，我

们将减轻自己面临的绝大多数痛苦。

> ——玛尔尼 K. 马克利达基斯（Marney K. Makridakis），
> 《创造时间》（*Creating Time*）的作者、
> ArtellaLand.com 网站的创始者

托马斯·斯特纳在本书中做到了一种罕见的结合：他不仅为人们聚精会神做事情提供了一系列明确而实用的步骤，还提供了一个有助于我们重新框定期望和价值观的理论背景，以便我们可以继续清醒地意识到过程与结果之间、进步与目标之间的差别。极力推荐这本书。

> ——斯科特 A. 戴维森博士（Scott A. Davison），摩海德州立大学哲学系教授、《论事物的内在价值》（*On the Intrinsic Value of Everything*）的作者。

托马斯·斯特纳阐明了生活中的一个悖论：真正的成就，需要耐心和戒律，而为了养成这两种优良品质，我们必须同时运用它们。随后，斯特纳用亲身经历的许多实际例子，通过运用冥想，解决了这一悖论。他向我们展示了怎样专注于当前这一刻，怎样不带任何主观判断地观察，以及在此过程中怎样释放出我们天生的能力来进行学习。自相矛盾的是,当你使用本书中描述的以过程为导向的方法时,不论努力做什么事情,都将取得更好的结果。

——迈克尔 J.盖尔博(Michael J. Gelb),《如何像达·芬奇一样思考》(How to Think Like Leonardo da Vinci)以及《大脑力量:随着年龄的增长改进你的思维》(Brain Power: Improve Your Mind as You Age)等书的作者。

在一个即时满足的社会之中,托马斯 M.斯特纳的这本书几乎夸张地模仿了即时满足这一现象。本书设计用于教读者如何放慢脚步、更清醒地意识到当前这一刻,并且增强自律与专注,从这本阐述复杂观点却内容简练的书中,作者的智慧完全展示了出来……这本尽管很薄但富含内容的书,带给我们在一生之中可以不停思考和运用的足够丰富的信息。

——《圆桌评论》(Roundtable Reviews)

{ 致谢 }

衷心感谢让本书得以面世的人们。

感谢我的妻子杰米（Jamie），以及我的两个女儿玛吉（Margie）和梅丽莎（Melissa），感谢你们在我实现目标的漫长旅途中始终对我深信不疑而且极有耐心。

感谢我的父亲，我必须感谢您的养育之恩以及无法言喻的友谊。

最后，感谢我的好友兼编辑（这也许是一种不同寻常的组合）林·布洛姆·麦克道尔（Lin Bloom McDowell），谢谢你帮我说了我需要说出并且想要说出的话。编辑们是本书的幕后英雄。

{ 目录 }

致谢

001 引言　人生就是漫长的练习

005 第1章　学习开始

人生中值得去做的每一件事情，都需要练习。事实上，人生本身只不过是一个漫长的练习过程，是一种永无止境地优化各种行为的努力。当你弄懂了练习的正确原理，学习某些新事物的任务将变成一种没有压力的愉快与平和的体验，变成一个适合你生活中各种领域的过程，并且促成你对生活中所有的艰辛与痛苦采用合适的视角来观察。

025 第2章　以过程为导向，不以结果为导向

人生的悖论：
耐心与自律的问题是，要培养它们中的任何一个，

需要同时具备它们两个。

057 **第 3 章 关键是视角**

当我们试图理解自己以及我们对人生中各种努力的痛苦挣扎时,可以通过观察一朵鲜花来找到平和。问你自己:一朵鲜花的生命,从撒下种子到完全盛开,在什么时候可以达到完美?

081 **第 4 章 培养期望的习惯**

习惯是学来的。
明智地选择它们。

095 **第 5 章 感知变化,创造耐心!**

你需要的所有耐心,都已经处在你的内心了。

119 第 6 章　4 "S" 方法

力求简化，将征服大多数复杂的任务。

133 第 7 章　平静与 DOC 方法

客观是通往宁静心灵之路！

155 第 8 章　教孩子，也从孩子身上学习

智慧并不是年龄的副产物。从你身边所有的人身上学习，同时也用自己的行为影响身边的人。

167 第 9 章　你的技能在成长

有了刻意的和反复的努力，进步便水到渠成。

引　言
Introduction

人生就是漫长的练习

在我们的人生之中，真正的平和与满足源于意识到人生是一个过程，是一段我们可以选择体验神奇路径走下去的旅途。

本书内容是关于记住你在某种程度上已经知道了的东西，并且将那种记忆带入到当前这一刻的。既有助于你将思绪集中到那条路径之上，又能够让你分享那段旅程。本书将向你重新介绍一个过程，在知道那个过程意味着什么之前，你一直遵循它来获取某种技能。同时，本书将提醒你，生活本身只不过是一个漫长的练习过程，是一种永无止境地优化各种行为的努力，那些行为既包括身体上的动作，也包括心理活动，它们构成了我们每天的生活。

我们全都懂得，诸如学习弹奏某种乐器以及练就基本的高尔夫挥杆技能等活动都是一些技能，这些技能本身需要不断练习。但事实上，人生是一段需要我们（无论是有意还是无意）迫使自己熟练掌握各种技能的旅程。我们容易忘记自己在这个星球上的人生是何时开始的，忘记了何时学会走路以及何时开始清晰表达自己的想法与感受，这些都是从"没有技能"的时候开始的。受到心中的渴望与现实的必要性的驱使，我们一步一个脚印地掌握了这些技能，也许最为重要的是，在掌握这些技能的过程中，我们并没有产生痛苦挣扎的感觉。像学习乐器或学打高尔夫球所做的那些努力一样，我们通过称为练习的过程来获得这些技能。所谓练习，就是怀着实现某个既定目标的有意的意识与意图，来反复参加某项活动。

当今世界，人们的生活节奏过快、压力过大，我们使用技能这个词来定义某种个人的资产。例如，我们可能说："这不是我的技能组中的一部分。"与此同时，我们对拥有诸多不同技能的价值的认识，也在不断发展。不过，尽可能迅速且以最少的付出来发展任何一项技能的能力，甚至在这个过程中体验内心的平和与愉悦的能力，实际上本身就是一种技能，也是一种需要不断练习并使之成为我们自身一部分的技能，但是，具有讽刺意味的是，对于这一点，我们没有抓住要领。

无论我们是在全力实现一种个人的抱负，还是在学着应对艰难的局面，当我们学会把精力集中在体验人生的过程并且拥抱这一过程时，都将开始甩掉内心的压力与焦虑。这种压力与焦虑，源于我们对自己目标的依恋，也源于我们产生的"如果我没有达到目标，就不可能感到幸福"的感觉。"目标"总是以我们尚未到达的某个地方、我们还未拥有，但在某个时刻终将拥有的东西的形式出现。然后，我们相信，达到了这样的"目标"，人生就圆满了。

当我们不易察觉地做出改变，既专注于实现目标的过程，又从这个过程中找到乐趣，而不是拥有这个目标时，我们便获得了一项新的技能。一旦我们熟练掌握了该项技能，它不但可以发挥神奇的作用，还难以置信地让你拥有强大的力量。

我们把那些展示了这种技能的人们描述为他们拥有一些优秀的品质，比如自律、专注、耐心和自知等。我们意识到，这些十分重要的美德，是与我们内心中真正的平和以及对生活的满足相互交织的。有了这种技能，我们会成为人生中迸发出的精力的主宰者；没有这种技能，我们则成为自己不专注的和不断变化的努力、渴望以及前进方向的受害者。

本书会帮助你将这种技能理解和发展为自己身上自然而然的一部分，也帮助你理解我们的文化怎样持续不断地教我们相反的东西。本书告诉我们应如何学会活在当下，而变得以过程为导向将怎样使我们把精力投入到这段神奇旅程之中，并且当我们学会享受人生旅程时，会为我们带来一种美妙的感觉，既对我们自己感觉美好，也对我们的生活感觉美妙。

人生中值得去做的每一件事情，都需要练习。事实上，人生本身只不过是一个漫长的练习过程，是一种永无止境地优化各种行为的努力。当你弄懂了练习的正确原理，学习某些新事物的任务将变成一种没有压力的愉快与平和的体验，变成一个适合你生活中各种领域的过程，并且促成你对生活中所有的艰辛与痛苦采用合适的视角来观察。

第 1 章
chapter1

学习开始

我还是个孩子时,曾学过弹吉他,但当时我年纪太小(只有 4 岁),记不得太多学习的细节了。不过,在回顾我弹过的作品时,可以毫不夸张地讲,我学习了大量的演奏技巧。但两年后,我没再继续学了,而且,从音乐的角度来讲,接下来的几年,我几乎没有接触过吉他。9 岁那年,和许多成长中的孩子一样,我开始学习弹钢琴。这次的学习同样十分短暂,只有 10 个月时间,其原因是,我真的不喜欢练琴。如果问我为什么,我可能会说,学弹琴是件枯燥而艰难的事情,而且，我觉得自己没有任何进步。尽管对于那个时候的我来说，这种观点可能是准确的，但我这次的半途而废，实则源于这样一个事实：我并不是十分擅长练习音乐或者练习其他任何事情的过程。遗憾的是，那时的我还太天真，不够成熟，没有意识到这一点。但由于对音乐的热爱，最终，我还是重新回到钢琴面前，继续学着弹琴。

在我十七八岁以及 20 岁刚出头的这段时间，我还单身的时候，我十分认真地追求音乐上的发展，并取得了一定的成功。我可以作曲和编曲，几乎任何一种风格的音乐都不是问题。在许多场合，我都以专业人士的身份演奏，从最好的乡村音乐俱乐部，到环境最差的酒吧。我组建了一个相当昂贵的录音棚，并结识了一些更知名的作曲家和艺术家，他们来自流行音乐界、爵士音乐界和乡村音乐界。到我二十五六岁时，根据大多数人的标准，我已是十分优秀的音乐家了。

我的音乐事业还在继续发展，到了三十五六岁的年纪，我开始意识到，对练习所产生的感觉，真正改变了我。我不但喜欢练习和学习所有的事情，而且还发现，为了逃离日常生活中的重重压力，我会让自己聚精会神地投入到某项活动中去。如果别人剥夺了我练习某件事情的机会，比如练习高尔夫球中的某些特定动作等，我会觉得被骗了。更为重要的是，我开始懂得，我们全部的人生都在以这样或那样的形式练习。在此之前，和许多人一样，我错误地只将"练习"这个单词的含义与一些艺术形式联想起来，比如音乐、舞蹈、绘画，等等。只要练习的时候被要求运用与学习音乐相同的原则，我没有见过脾气暴躁的孩子、负担过重的工作安排，或者是每月紧紧巴巴的财务预算。换句话讲，只要是和学习音乐大体相当的练习，孩子的脾气不会太暴躁，再多的练习也不至于让他们感到负担过重，而且，每月的零花钱也不会捉襟见肘。

随着对人生、心理原则以及练习三者之间的关系的理解日渐加深，我开始尽自己最大的努力来定义练习的心态的基本原理，并且全心全意地关注日常生活中什么时候、以什么频率运用这些基本原理。我想更好地理解我的视角为什么会改变，正是这种视角的转变，使得我对待学习某些新事物的过程的态度来了个180度大转弯。是我长大了、变成熟了，还是我的思维中有些东西更加确定、有些东西更为具体了？我知道，现在的我与过去的我对待人生的态度全然不同，但是，新的人生观到底是怎么回事呢？那是我需要了解的。

那时，我没有意识到，正是成长的过程中学习音乐的经历所奠定的基础，帮助我更好地理解了我在寻找那些答案时心理上和精神上的挣扎。那些早期的经历（也就是希望取得某些成就，但同时又要应对那时我无法很好地实现自律的个性）极大地帮助我理解了为什么我们会在一些对自己可能极其重要的努力上最终失败。在音乐道路上的成功与失败，为我提供了一个参照点，我不停地将它与自己每天的经历进行对比。这便是你将在本书中看到一些以音乐为参考的原因。不过，你并不一定非要学过音乐，才能在我描述令自己获益匪浅的音乐的方方面面时，和我产生强烈的共鸣。由于练习的心态的本质存在于人生的所有活动之中，因此，毫无疑问，你能够将我的经历与你自己生活中的经验联系起来。

音乐对我的学习过程固然重要，但它并不是鼓舞我在日常生活中怎样谋求改变的第一项活动。相反，我第一次意识到自己要改变看待练习的视角，是在30岁出头时，我听从妻子的建议，开始接触高尔夫球。起初我以为，我之所以不把早年学习音乐的经历当成这种意识转变的背景，是因为那些经历离现在已经太久远了。一方面，到我的人生的这个阶段，音乐事实上成了我的第二天性，我可以十分自然地制订和执行练习方案，不再以一个在痛苦中挣扎的学生的视角来看待练习。另一方面，高尔夫球对我来说是一项全新的运动，我几乎一点儿都不了解，而且，对于应该怎样打高尔夫球，也没有任何的先入之见。

一开始，我岳父会带我到他常去的高尔夫球场打球，我会租用或借用一些旧的球杆。没过多久，我便在这项运动上体验了失败感，但是，让我产生更深刻印象的是，我并没有发现球场上那些正在打球的人水平有多高。根据我的观察，他们打高尔夫的水平与我当初弹钢琴的水平大体相当，然而，可以这么说，他们并没有从书本上学习怎么打高尔夫。他们的水平很差，看起来根本不知道怎样来纠正自己的问题。

我的意思是说，尽管他们多年来一直保持每周打一次高尔夫球，但依然没有达到起码的水平，比如说，他们打了这么久，还是不能把球打起来。他们无法朝着自己正在瞄准的方向击球，没有任何进步，而且他们自己也不知道其中的原因。按理说，他们打了这么久，原本应该不但能把球朝着目标方向击出数百码远，而且还能随心所欲地控制球的高低以及球在飞行过程中的曲线，等等。但事实上，他们完全不知道应当怎样挥杆，或者也根本不晓得在挥杆击球的时候应该采用怎样的姿势，但是，尽管他们缺乏这些基本技能，却依然在一次又一次地反复击球，并且期望出现不同的结果。把这种现象和音乐领域进行对比，好比某个人弹了20年的钢琴，依然感到失败不已，因为他无法同时弹出多个音符，并且没有意识到自己应当用手指来弹，而不是用手肘来弹。

也许我最大的优势在于：即使我并非那种没有协调感的人，但在成长的过程中，我并不擅长任何一项体育运动。因此我觉得，我得找一位教练来指导我的学习，生怕自己到最后像许多人那样，成为永远都倍感挫折的高尔夫球员。此外，由于我在成长期间努力学习演奏乐器（除了吉他和钢琴之外，我还学习了长笛和萨克斯管），我预料，要想稳定地提高我的高尔夫水平，并从中感受到快乐，进而熟练掌握这些技能，既要花时间，也要持之以恒地坚持。对我来说，高尔夫球绝对不会很容易或者很迅速便能学会。在学习音乐的过程中，我勇敢地面对，也清楚地知道这样一个事实：尽管我能很好地弹奏钢琴，但曾几何时，我没能实现自己制订的许多在音乐方面的目标。我安慰自己说，如今我已是一个成年人，有着成熟的心态，并且从以往的失败中汲取了许多教训。我确定，在高尔夫球这项全新的运动中，我也会看到自己一步步地实现目标。

从这项运动中我学到的是，我在音乐练习时遇到的所有失败，都源于我对练习的正确技术性细节和制订目标的过程缺乏理解，也没有足够地理解，不论确立了怎样的目标，都要持之以恒地付出努力去实现它。也许最重要的是，我意识到，我学会了怎样在不感到失败和焦虑的前提下努力去实现目标，这些挫败感和焦虑情绪通常与活动本身密切相关。

高尔夫运动让我第一次有机会用自己的成长与进步将这些技术性细节进行量化，量化成对某个人来说实实在在的东西。在此之前，我与所有的前人无异。我渴望像那些坚持朝着崇高的个人目标奋进的人们那样，最终收获欣喜和满足。我希望经历那些选定了一个目标并坚持不懈朝着目标迈进的人们体验到的那种自我发现，不论在这个过程中面临多少陷阱和失败。不过，这种对学习的渴望，仅仅只是第一步。如果没有理解练习中的正确的技术性细节，不了解我们自身内在的努力，几乎可以肯定，我们将耗尽那种助推我们付出心血的原始热望与动机，让我们感到无法实现目标，进而感到那些目标只是在短时间之前才值得为之努力奋斗。

为什么有这些困扰？这也是我常问自己的问题。我的意思是，这种心态与我们日常的生活到底有什么关系？对这种思维模式的理解和培育，到底怎样影响着我们时时刻刻的体验，影响我们的成就，以及影响我们变成什么样的人呢？答案是，这种心态影响一切。它是一张白纸，我们可以在上面绘就自己的人生。它不仅决定着我们描绘些什么，而且决定着我们能够描绘些什么。它构成了我们是什么样的人、我们变成什么样的人、我们怎样看待别人，等等。它是一种自律和自知。它让我们对自己、对他人、对生活本身都更有耐心。它一定是我们可以献给自己的最强大且最有意义的礼物之一，而且，这样的礼物，只有我们自己才能献给自己。

我们当今的文化是建立在多种任务基础上的文化。同时处理多种任务，不仅着重于提高效率（似乎再怎么提高都不够），而且着重强调为了生存。我们教自己处理多种任务，也教孩子们处理多种任务。我们总在同一时间着手做和想着做不止一件事情。

想一想开车这个简单的动作。很多人在发动汽车后，做的第一件事是什么？打开收音机。如今，我们**一边**驾驶，**一边**听收音机。如果车上还坐着别人，我们会和他聊天。如果是一个人开车，我们可能用手机打电话。我们的大脑在尽量兼顾多项活动，我们的精力也非常分散。即使这让我们感到十分疲惫，但随着这个世界以越来越快的速度运转，这种现象已成为常态。我们甚至不会怀疑，在同一时间处理多项任务到底有多么荒谬。

几年前，我带着我的一个女儿参加她的学校六年级举办的一场溜冰舞会。我告诉她，在她滑冰的时候，我会坐在不容易引起别人注意的优惠区看书。以下就是我从这个地方看到和听到的：在主溜冰场里，六块电视屏幕挂在天花板上，孩子们在那里穿溜冰鞋。每台电视都在播放着不同频道的节目，每台电视的音量都在和所有其他的电视机的音量一比高低。在整个溜冰场内,一直播放着嘈杂的音乐。不远处还有一个视频游戏区,那里摆放的六台全尺寸的视频游戏机,同样在播放着它们自己的音响。此外,滑冰场的一端,有一个 2 米的电视屏在播放音乐视频,它与广播系统中播放的音乐又不相同。最后,这些 11 岁的孩子全都在环绕着滑冰场溜冰,他们当中,没有一个人跟别人说话。怎能呢?光是一边溜冰一边将所有这些感官信息吸收到脑海之中,就已经让人筋疲力尽了。

有时候,我们必须马上着手做好几件事情,但问题是,我们总是习惯于一心多用,以至于当我们决定集中精力专注于某项活动时,我们做不到了。我们的大脑如此躁动不安,而且,这种躁动不安具有强大的惯性。它不希望停下来。它让我们筋疲力尽、过度劳累。我们发现自己没办法安静地坐下来,而且也没办法安静下来。不过,练习的心态是安静的。它将思绪放在当前这一刻,有一种类似于激光的精确焦点和准确度。它服从我们准确的方向定位,集中我们所有的精力,朝着自己确定的方向前进。因此,我们是平和的,完全不会感到焦虑。我们的状态,就是在那一刻应当所处的状态;我们就是那一刻我们应当成为的那个人，并且完全清醒地知道我们在体验什么。无论是生理上还是心理上，我们的能量和精力都没有任何浪费。

回到开车的例子，有多少次，你开车到某个地方，发现自己根本不记得已经驾车驶过的某段路？之所以会这样，原因是你没有聚精会神地开车，你的思绪流向了其他不相关的地方。因此，几乎没有人真正知道他们的想法。他们的思绪在不由自主地"四处乱跑"，使得他们在不知不觉中开车行驶，没有做出选择。他们没有观察自己的想法并让那些想法服务于自己，而是沉浸在那些想法之中。

如果说这还不算十分悲惨的话，至少它是可笑的。我们坚信，随着技术的飞速进步，我们也必须发展和进步。我们认为，由于我们都拥有带摄像头的手机，所以必须比生活在250年前的那些人更先进才对；但事实上，过去的那些人比我们更清楚地了解他们的内心世界，因为没有哪些技术会让他们分心。我们拥有的这些技术，本应让我们的生活变得更简单一些，但它们没有。尽管前人没有任何技术产品，但他们的生活简单得多，并且也许比我们能更好地理解他们的思维如何运转。

我们认为，我们痛苦挣扎，只有今天的我们知道，但它们是不受时间影响的，生活在古代的人们也和我们一样，面对着同样的内心挣扎。有一个古老的故事描述过这些挣扎。它是一个关于战车骑士的故事，他驾驶着一辆由四匹战马拉着的罗马式战车。在故事中，马代表人们的思维，骑士代表人们。没有受过训练的骑士踏上这辆战车，手里没有抓紧缰绳。四匹战马整天都在狂奔，偏离了选定的路径，一路颠簸地前进，并且不断改变着方向。在这种情况下，不但战马累得够呛，骑士也被折腾得疲惫不堪。不论什么时候，战马都不知道它们在哪里，或者不知道它们要向什么方向前进。骑士只能紧紧抓着战车上的围栏，无助地看着周围的景色在身边掠过。相反，受过训练的骑士则会紧握战马的缰绳，控制并指引着战马沿着专一的、选定的路径前进，不管战车到了什么位置。这个时候，战马不能随意狂奔，它们的力量受到骑士用缰绳发出的指令的引导。战车平稳前行，战马和骑士全都能在最短的时间、以最小的精力到达他们的目的地，而不会感到疲劳。你愿意选择哪种情况？

如果你没有控制自己的思维，那你便没有控制自己。缺乏自我控制，不论你想实现什么样的目标，你都不会有**真正的**力量。

如果你**不知道**自己每时每刻都在想些什么，那你便没有拉紧思维的缰绳，对自己前进的目标便没有了掌控的能力。你不可能控制你甚至都不知道的东西。意识一定是第一位的。

本书旨在研究怎样从现在的我们变成将来的我们，也就是说，怎样实现我们的人生目标。那么，我们能从那位没有拉紧战马缰绳的战车骑士身上汲取什么样的教训？什么样的文化习惯或者教育将强化那种思维方式，并且使我们继续采取那种思维方式？我们可以从孩子们的思考方式中学到些什么？怎么来教孩子们，让他们能比我们记住更多的知识？然后，我们怎样能在不太费力的情况下做到所有这些呢？这些是我经常问自己的问题，在接下来的内容中，我将为你回答它们，同时也希望我的回答对你有所帮助。

我在写本书的时候，设想它只会帮助读者在学习某种乐器的时候少走弯路，不那么费力。不过，随着写作过程的不断深入，我越来越意识到，我是在描写自己对人生进程的展望，而不仅仅是自己学习某种乐器或者学打高尔夫球的感想。我发现，我在运用自己从写书的过程中学到的东西。我观察自己怎样看待每天投入到写作当中的精力。我觉得，我在努力理解我到底学到了什么，以及怎样将所学的东西写成文字，而这需要付出努力。我发觉，我可以把这本书写得非常成功，把它献给我年幼的女儿们。

一天，我在照顾女儿时，发现自己感到十分失败，甚至有一点点恼羞成怒。我已经为本书打好了全部腹稿，但我的想法还有待写出来，因为我还得照看孩子们。我注意到，我已经成为那位没有拉紧战马缰绳的骑士。我让我的思绪偏离了照看孩子这项任务，老在想着写书的事情，而不是乐享和孩子们在一起的时光。意识到了这一点之后，我"拽紧缰绳"，把写书的事先放在一边，等到下一次既定的写作时间到了，再来认真写书。突然之间，我感到轻松了不少，压力顿时消除，一下子沉浸在之前一直没有体会过的和女儿们欢乐玩耍的快乐中。

起初，即使有人找到我说："我们会支付你的账单，并照看你的家人，你只管写便可以了。"但我也写不出"这个"版本的《练习的心态》。我是随着写作过程的展开，才了解到这一点。

现在我意识到，我的人生观在我 20 岁刚出头的时候开始改变。也许这句话你听起来十分熟悉。在此之前，我对许多事情产生过兴趣，刚开始时也确实投入了许多热情，然后就相对较快地失去了激情和动力。首先，我会选择某项特定的活动，比如说体育锻炼。然后，我开始去健身房健身，购买一些合适的运动服等，真正地沉浸其中。过了一段时间，最初的热情开始消散，我越来越难保持原来的激情并遵守锻炼的戒律。从那一刻开始，要按照既定的锻炼日程来继续练习，成为一件难上加难的事情，我开始为自己逃避健身找借口。比如，"我下次再补上来，或者在下周上班前多练一个上午。"然而，这些都是蠢事，因为我不会遵守这些承诺，而且越来越心安理得地把锻炼身体这件事情丢在一边，到最后，彻底地偏离了最初确定的目标。此外，我还会产生一种觉得让自己失望了的不安的感觉，再加上一种自己并没有完全掌握自己命运的感觉，因为我没有努力去完成一件我已决心去做的事情。到最后，我会对某项特别的努力完全失去兴趣，相当于再次回到原点，然后开始搜索下一件能填补我内心空虚的事情，再度开始这样一个循环往复的过程。我最大的优势在于，我明白这样一个事实：谈起任何一项新的追求，我总是遵循如此的循环往复。我注意到了这种趋势，静静地看着自己一件事情接着一件事情地陷入这种固定的模式之中。

在我的人生中的这个时刻，发生了三件事情，事后证明，这些事情的发生，意味着我的视角和意识开始产生重大转变。第一件事情，我开始重新拾起钢琴训练课，教我的老师不但是这个领域最优秀的老师，而且只比我大了几岁。成年以后重拾训练课，和一直接受训练的小孩子相比，既有一系列新的优势，又有许多不利的因素。我会在以后的章节里阐述这些优势与劣势。第二件事情，我在读大学时，开始独立地学习西方哲学。那时，我的学习兴趣十分广泛，并不是聚焦于任何一门特定的哲学，而是作为自学的"世界宗教与哲学"课程的一部分来学习。这让我启动了一个冥想的过程，在接下来的20年里，永远地改变了我对练习某项活动的技术性细节与理由之间的关系的理解。

如果你从来没有想过的话，可以想一想我们怎样学习生活中的每一件事情并且熟练掌握它，从学会走路和试穿鞋子，到攒钱和养孩子，这些都是以某种练习的形式来完成的，是我们一而再再而三地反复做的事情。从很大程度上讲，我们并不知道它本身是一个过程，但是，如果我们做得好的话，卓越的练习会证明它自身的卓越效果。它不会让你倍感压力地在内心预期："我什么时候才能达到目标？"当我们正确地练习做某件事时，事实上觉得自己正在投入到一个艰难的学习过程中，这种压力重重的感觉消失了，而且更重要的是，这个学习过程与一段内心平和的过程融合起来，后者使我们能够从紧张与焦虑中平静下来，不再觉得"昨天已经完成的"事情仍在我们每天的生活中推动着我们不断向前。出于这一原因，重要的是意识到并掌控着那个过程，而且学会享受人生中的那个部分。

影响我改变自己学习任何一件新事物的视角的第三件事情，源于职业生涯的决策。我立下决心，要当一名演唱会钢琴技师兼钢琴修理师。说得委婉一点儿，这是一个非常独特的职业。要想成为高水平的钢琴技师，需要花数年时间来学习必备的技能，如果想熟练掌握精密乐器的修复技巧，甚至要更长的时间来学习。在我的工作时间，我要做很多事情，从为一次大型的世界级交响乐表演而准备一架价值10万美元的音乐会大钢琴，到费尽心力地修复一架老式的大钢琴，使之达到比新出厂钢琴更好的状态。在我从业的这么多年间，我为许多世界上最优秀的指挥家、演唱会钢琴家、大型乐队的领军者,以及流行乐、爵士乐和乡村音乐的歌手服务过,我维修过的钢琴,有的甚至还是美国内战时期制造出来的。

一架大钢琴的琴胆(那是整个键盘机制)包括 8000 ~ 10 000 个零件。钢琴中有 88 个音符,每个音符大约有 34 种不同的调整方法。一架钢琴拥有 225 ~ 235 根琴弦,每根琴弦都有一个相对应的调音弦轴,在一次单独的调音过程中,所有的这些调音弦轴都至少要单独调试一次。我的观点不言自明了吧。至少可以说,调好一架钢琴的音,是一件反复无数次、任务繁重且单调乏味的工作。你在钢琴上所做的每一件事,至少得反复做 88 次。这迫使你放下其他所有的事情,以最务实和最有效的态度来看待你在钢琴店中的日常工作以及在舞台上的日常维修工作。如果不具备最起码的自律和耐心,那么,你的焦虑和失败感将会大幅度上升。

我之所以如此详细地阐述这项工作的重复和单调乏味的特点,目的是让你了解,我为什么开始提高自己在做好某件事情的过程中保持专注的能力。这完全是为了生存。这项工作本身十分艰难，而它单调乏味的特性，使得我整天只能心无旁骛地工作。这让我能够观察和评估，在应对工作的这种特性时，什么是有效的，什么是无效的。

在本书中，我会将自己认为至关重要的事件与我在人生经历中学到的许多宝贵经验结合起来，思考我为什么有时候感到挣扎、有时候感到失望，以及怎样通过观察生活中的某些简单的真理而迈过这些失败。

因此，现在开始了解我们的练习的心态吧。

人生的悖论：

耐心与自律的问题是，要培养它们中的任何一个，需要同时具备它们两个。

第 2 章
以过程为导向，不以结果为导向

我学打高尔夫球的时候，参加了一个为期六周的高尔夫团体培训班。每个星期，我们五位成年人会驱车 1 小时来到高尔夫球场，让教练教我们 1 小时，自己再练 1 小时。第三个星期刚开始，我来到球场，坐在长凳上等待前面的队员培训结束。我身旁坐着我的一位"同班同学"，她比我早一点儿到那里。我们在第一天参加培训时，曾相互做过自我介绍，我了解到，她经常参加公司的日常工作，把学打高尔夫球既当成一种休闲和放松的方式，又当成进一步提升职业成就的手段。她解释说，很多时候，她在工作中外出打高尔夫球，可以让她建立新的业务合伙关系，并且与客户以及合作伙伴在轻松的环境中探讨公司事务。

我们聊到高尔夫球和各自的职业时，我问她："你有没有练习我们上个星期学过的东西？"她回答说："没有。我要做的事情太多了。我做梦都在想着，有一天早晨醒来，自己就是一名高尔夫球高手了。"从她的声音里，我听到一丝失败感和稍稍的不愉快。她看上去有点儿失败，因为高尔夫球比表面上看起来难得多，同时，她不愉快是因为她在此之前付出的艰辛努力，没有得到相应的回报，如果达到一定能力水平的话，她可能觉得自己能从高尔夫这个项目中找到更多的乐趣。

我们的课程开始时，教练也问了我们所有人那个同样的问题（你有没有练习我们上个星期学过的内容）。不过，教练在我们一开始热身和打球时，便对真相心知肚明。他提那个问题，目的是让我们大声地承认，我们是不是发现必须要遵守一些戒律，才能将他上周教给我们的方法和技巧熟练掌握、内化于心。只有熟练掌握了上周学习的方法与技巧，才能轻松地转入下个阶段的学习。结果,教练发现,我们五个人中,只有两个人在两堂培训课间隔的那个星期认真练习了,我是其中之一。另一位同学一直花几个晚上的时间来复习我们学过的内容。其余的三位同学不但没有练习,而且在上完一个星期的课后,马上就把高尔夫球丢在一边,而不是继续练习。我每周的练习包括以下一些环节。

在上周一黄昏的培训课之后,我会留下来打一个小时的球,复习那堂课教练所教的内容。离开球场前,我坐在车里,花几分钟时间在一本小小的日志本上记一些笔记。我一定要把课上教练讲过的对所有事情的描述记下来。这些笔记并不是为了详细描述教练所讲的内容,只是让我能想起教练讲过的一些要点。在接下来的那个星期,我会在孩子们入睡之后、在妻子和我忙完了一天的事情时,再到我的地下室里练习。在这个特定的练习环节,我会制订一个清单,列出我要练习的所有内容,并专心地投入每一项任务的练习中,以便每一次我都能专门解决高尔夫球技巧的某个特定方面。在练习每个动作的过程中,我会在镜子前,手拿一根短球杆,挥杆 100 ~ 200 次。我之所以把球杆削短,是不让它打到房顶。在这个星期中,我会三次来到球场进行实际训练,但我同样每次只练习挥杆击球的一个分解动作。在球场,我会尽自己最大的努力不去管球在空中飞行的样子。我只是在学习挥杆这个部分,沉浸在这个学习的过程中,并不指望能够击出漂亮的球。漂亮的击球是挥杆击球所有分解动作全都做正确之后的结果,或者说产物。

对我的同学来讲,这类日常的练习似乎需要他们从本已消耗过大的情况下,再耗费太多时间和精力。不过现实是,正如孩提时代学习某件乐器一样,我每天练习的时间很少超过 1 小时。其实,对于任何一个普通人,每天少看一点儿电视,便能挤出不止 1 小时的时间。更重要的是,我不仅期待练习,而且也需要练习。它们让我的生活变得多姿多彩。

和其他所有人一样,我也时常感到生活压力巨大,我期望自己专心地投入一些压力不大的活动之中。除了家庭生活中的酸甜苦辣,在工作中,我有一些事情必须在某个时间之前完成。比如,客户的钢琴出问题有很多年了,花血本请我去修理钢琴,总想一次性修好。他们不管供货商是不是给我送错了配件,也不管我是不是为了完成紧急工作任务而耽搁了他们的钢琴修理。

除此之外，我还必须应对让人神经高度紧张的音乐会的场面，为音乐界一些超级大腕准备好钢琴。如果做不到这些，我就得卷铺盖走人。我必须即刻提供解决方案，而且不能找任何借口。在多场交响音乐会上，我发现我像疯了似的查找某些自己已经意识到的不完美的原因，而艺术家和1000名观众一直在等着我们尽快结束钢琴的调试并清理舞台。在我的工作中，紧张的压力有如家常便饭。

和其他同学经历的相反，我发现，当我专注于当前这个时刻时，我的练习变得十分平静，一点儿都不让我心烦。那个时候，我哪儿也不用去，只需要"在这里"，而且不必去完成任何其他的目标，只要把我"现在"正在做的事情做好就可以。我觉得，让自己完全沉浸在练习过程中，极大地减轻了我当天的压力，也可以放下自己对第二天必须做哪些事情的思考。它让我的思绪持续停留在"现在"，而不是沉醉于过去或放眼于将来。我不去想自己练习好高尔夫球要花多长时间，因为我从自己现在正在做的事情中获得了乐趣：学习正确的高尔夫挥杆动作。

为什么我觉得高尔夫球练习是一件让人精神焕发同时又内心

平和的体验，而我的同学感受却完全相反呢？我认为，这是由于我在真正地练习，而他们没有。他们把问题想复杂了，这使得他们焦虑不安，而这些焦虑，还源于他们意识到自己没有练习，便会令他们不能实现计划中的目标。

如果他们挤出时间来练习，并且严格遵守戒律，甚至自己想要练习，那么，要先做到两件事情。首先，他们需要理解优秀练习的技术性细节。换句话讲，他们需要理解正确的技术性细节可以怎样使他们的学习过程变得高效、没有压力，不至于自己觉得没有耐心。其次，他们需要换个角度考虑计划中的目标。我们都有一个不健康的习惯，那便是：制订**结果目标**（也就是反映我们计划中的结果），而不是专注于达到那一结果的过程。这在我们日常生活中的许多活动上表现得十分明显。我们将视线转向计划中的目标，完全忽略了在实现目标过程中享受当下的每一刻。我们错误地认为，我们终于实现目标的那一神奇时刻到来之时，我们会感到很愉快。我们把实现目标的**过程**，几乎视为实现目标而必须经历的麻烦事。

让我们同时分析上面提到的两个观点。乍看上去，似乎它们之间明显相关，其中的一个产生了另一个。我们将首先关注练习某件事情和仅仅学习某件事情之间的差别。刚开始，让我们确定"练习"这个单词在最简单的形式上意味着什么。

对我来讲，练习与学习相似，但并不相同。练习这个词意味着我们的意识与愿望的存在。而学习这个词则不存在意识与愿望。我们在练习某件事时，本着达到某个特定目标的意图，刻意地、反复地参与练习过程。刻意和意图这些词，在这里是关键，因为它们定义了主动练习某件事情与被动了解某件事情之间的差别。如果你的家人经常争吵或者出现不恰当的行为举止，那么，你可能在不知不觉之间就学习了那些行为。如果那种情况发生了，为了让自己从内心改变类似的争吵行为，你必须首先知道你的这种个性趋势，并且刻意地、反复地怀着改变的意图来练习不同的行为。

练习包含了学习，而不是学习包含了练习。学习不会考虑其内容。把上述这些牢记在脑海，我们还可以说，优秀练习的技术性细节，需要刻意地、有意识地停留在做某件事的过程中，并且清醒地知道，我们是不是实际上做到了那一点。那要求我们不再沉迷于对"结果"的依恋。

本章的标题是"以过程为导向,不以结果为导向"。我确信,你经常在自己的工作和生活中听到过这句简单而有力的表述。其他一些说法,比如"紧盯目标""不要过于以结果为导向"或者"人生中并没有目标,人生本身就是目标"等,说的全都是同一个道理。这些说法都在阐述"聚焦于过程,而不是该过程旨在达到的结果"。这是一种悖论。聚焦于过程时,你期望的结果会很轻松、很自然地出现。聚焦于结果时,你便马上陷入纠结之中,对过程感到厌倦、不安、失败和不耐烦。当你把自己的思绪聚焦于当前这一刻时,聚焦于你目前正在做的事情的过程,那么,你总是清楚地知道自己处在怎样的状态,也知道自己应当变成什么样子。你所有的精力都会集中到你正在做的事情之上。不过,当你的思绪聚焦于最后希望获得的结果时,你绝不会知道自己正处在怎样的状态,你会在不相关的想法上耗尽心力,而不是把精力全部放在自己正在做的事情上。

为了聚焦于当前,我们必须至少暂时放弃对期望目标的依恋。如果不能放弃这种依恋,那么,由于我们现在还在想着尚未发生的事情（即目标），便不可能活在当下。这需要做出我此前讲到过的目标转变。当你将目标从试图实现的结果转向实现结果的过程时，一种美妙的现象便发生了：所有压力都将消散于无形。之所以会这样，原因在于当你的目标是只专注于自己现在正在做的事情时，那么，只要你在做，你便时时刻刻都在实现着目标。从一个方面来看，这是一种微妙的转变；但从另一个方面来看，在你怎样处理需要付出努力的事情方面，这是一个巨大的飞跃。当你真正将注意力集中到现在正在做的事情，并且持续地知道你正在这样做时，你将开始感到平和、精神焕发和游刃有余。你的思绪平缓了下来，因为你在要求它一次只想一件事。你内心的喋喋不休已然不再。以这种方式来集中精力，与我们处理一天中大部分活动的方式完全相反。我们的思维试图掌控许多事情，这些事情要么是我们需要做的（将来的事），要么是我们忘了做的（过去的事）。我们的思绪变得无处不在、飘忽不定，并且，我们通常一下子就做了太多的事情。

这种知道你的思绪处在何处，并且知道你现在正在做什么的意识，让你能够一再积极地强化自己实现目标的感觉。不过，当你的思维只是放在完成的结果上时,你不仅在没有实现那些结果的每一秒都感到失败,而且在练习中犯下每一个"错误"时,都会体验到焦虑感。你把每一个错误都当成一种障碍,一种延迟你实现目标的东西,让你迟迟体会不到实现那一目标的东西。

相反,当你的目标是把精力集中在过程之中,并且停留在当前这一刻时,你不会遇到错误,也不用做出判断。你只是在学习和做事情。你在从事活动、观察结果、调整自己的心态,同时也在调整练习时的精力,以产生期望的结果。这时的你没有不好的情绪,因为你没有判断些什么事情。

用音乐来做例子,让我们假设你正尝试着学习某支特定的曲子。如果你的目标是完美地演奏好整首曲子,你会对自己演奏出来的每一个音符都不停地做出判断——"我正确地弹奏了那个部分,但似乎还是没有弹得太好。""第一部分来了,我总是一团糟。""我就是弹不出我想要的那个声音。这真难。"那么,所有这些判断都需要你的精力,而所有这些精力都没有进入到学习那首曲子的进程之中,也没有让你能够毫不费力地演奏整首曲子。这些想法只会让你总想着放弃学习。由于你不清楚怎样来引导精力，所以，你把太多的精力都浪费掉了。

这并不意味着你必须与你计划中的目标完全"失去联系"。你继续使用最终目标作为船舵来指引自己的练习，但不是作为一个你正在做什么的指示符。如果是后面这种情况，不论从事什么活动，你的这个目标都给你制造了一种进退两难的局面，因为它通常是你一开始从事这项活动的理由，而且，你总是在那里对比，以便衡量进展。在一些体育运动项目中，你可能真正发现这种进退两难的局面。比如滑冰、体操、保龄球和高尔夫等，那些项目都有着"完美"的打分，但从更加微妙的意义上讲，这种进退两难的局面还出现在生活中的任何一个我们谋求取得一定成就的领域。打个比方，如果我在写这本书的时候，开始觉得我只想快点儿写完这一章，以便进入下一章的写作，那么，我便在做同样的事情：错误地运用目标。如果你在尝试着改进与性格乖僻的同事的关系，有一天你稍稍没有注意对方的情绪，然后对这件事做出判断，那么，你也在做同样的事情：错误地运用目标。问题无处不在、无时不在。在刚刚提到的特定例子中，你可以只停留在当前，观察你与那位同事的互动，运用你打算怎样应对那种局面（也就是你的目标）来作为船舵，随后重新调节你自己，以便继续朝着实现那一目标的方向航行。

你可以把它想象成站在三米开外的地方向垃圾篓中投网球。想象我给你三个网球，让你一次性把它们全部投进三米外的垃圾篓中。完成这一任务的最有效方法大概是这样的：你挑出一个网球，瞄准垃圾篓，投出第一个。如果那个球落在垃圾篓前面的地板上，你发觉到了，并根据观察到的信息，决定调整一下球在空中飞行的弧度以及投掷下一个球的力度。每次投掷的时候，你都要继续这个过程，使得当前这一刻的反馈能够帮助你优化投球的技能。

在这项活动中，当我们不再采用这种着眼于当前的方法，开始对每次尝试的结果依依不舍时，我们便会失败。然后，我们开启了这样一种情绪判断的循环："我怎么可能第一个球就没投中？看来我并不是很擅长这项活动。现在，我最好的成绩是投三中一。"依此类推。如果我们把精力集中在过程上，这种现象便不会发生。我们将不动任何感情地观察每次尝试的结果。是什么样的结果，我们就接受什么样的结果，不会去做判断。

记住，判断会重新引导并浪费掉我们的精力。有人也许争辩说，我们必须判断每次投球的结果，以便围绕下一步怎样改进而做决定，但这种说法不对。判断给我们带来一种对或错、好或坏的感觉。我们这里做的事情，客观地观察和分析了每次尝试的结果。这种观察，仅用于指导我们下一次的努力。当我们在任何一项新的活动中运用这种思维方式时，会吃惊地发现，所有的一切都改变了。首先，我们对自己变得有耐心了。我们不会急于达到某个预先确定的目标。我们的目标是停留在这个过程中，并且将我们的精力引导到当前选择的活动之中，不论这种活动是什么。只要做到了这一点，那么我们每一秒都在实现自己的目标。这个过程让我们内心感到平和，并且使我们产生了一种美妙的收放自如和充满自信的感觉。

通过将注意力停留在过程之中，我们做到了收放自如，同时，也熟练掌握了自己致力于从事的任何一项活动。这就是正确练习的本质。那么，为什么我们对所有这些如此不擅长呢？怎样在生活中以一种相反的方式来应对，不再将结果看成是我们唯一关注的事情？如果将结果当成唯一的关注点，我们会越来越狠地逼迫自己，看不到尽头。如果不把精力放在过程之中，我们的思绪会整天四处乱跑，好像没被骑士拉紧缰绳而四处乱跑的战马。我们一下子考虑了太多的想法，这些想法的大多数与我们昨天和前天的想法一样。因此，我们对生活缺乏耐心，感到焦虑。

某种程度上，我们可以接受，那种想法其实是人类的天性。如果你从书本上了解世界上任何一种伟大的宗教和哲学，便会发现，它们的核心主题是：我们无力停留在当前这个时刻之中。它们全都非常详尽地描述，一旦我们克服了这个弱点，便能意识和体验到真正的内心平和，并达到一种真正的自强。所以，我们听到了流传数千年之久的战车骑士的故事。

在西方，我们这种只盯着结果的导向，至少可以部分地归咎为我们文化的作用。人类天性中的这个弱点在反复地传承给我们，并且融入我们的个性之中，这使得我们更难知道这种有害的视角，更别说去克服和纠正了。

在体育中，我们只关注谁赢得比赛。在类似音乐的某种艺术形式之中，一位新来的学生问道："我要花多长的时间才能跟那个人一样？"似乎他时时刻刻都必须经历刻苦训练这件苦差事。在教育中，如我们接下来将讨论的那样，我们真正学习的东西最多只能算是脚注，因为到最后，学校输出的高素质人才越多，决定着政府和社会将来对其的投资也越多。对我们文化中的许多方面来讲，聚焦于过程，几乎总让人皱起眉头，人们认为这没有抓住关键。

很小的时候，"最终结果才是真正重要的"理念便开始在我们内心萌芽。即使我们记不得自己在儿童时期的早期到底看到了一些什么样的行为在向我们的个性中灌输了这种理念，但是可以确定，大多数人在学龄前便已被灌输了这种理念。如果我们都足够幸运地在此之前没有采用这样的视角，那可以确定，是我们的教育体系在向我们灌输了这种理念。

我们知道，我们在学校的时候，便开始运用一些艰难而快速的标记来定义我们自己是什么样的人。这些标记，当然是指分数。如果运用得当，分数应当让教育体系知道，在当前的这一刻，哪种教育方法是奏效的。而分数是否真正发挥了这样的作用，我们在这里暂且不予讨论。学校采用分数的历史已经比较悠久了，如今，人们依然在成绩单上看到从 A 到 F 各种不同的分数。标准化学业成绩测验（standardized achievement tests）是在学业上对我们的表现进行打分的另一种形式。它们在很大程度上影响了我们能上哪些大学，以及某所特定的学校会不会把我们当成有潜力可挖的学生。在校读书期间，分数在很大程度上决定了我们是什么人，以及有什么价值。它们不但极大地影响了我们迄今为止在生活中的高度，还影响着我们前进的方向。很大程度上，分数决定了我们对自我价值的感觉。那些经常拿到 C 的学生，往往被老师认为"普通"。拿到 F 的学生，则被考虑认为是"失败的"。当然，A 代表学生"优秀"。在学生时代，我们形成了一种根深蒂固的理念，认为不论我们去追求什么，"结果意味着一切"。否则的话，为什么人们要去作弊呢？

我并不是在这里鼓吹一种新时代的评分系统，让我们每个人都感觉自己是班上一等一的人才。那会超出本书的背景知识范围，也超出了我的能力范围。我们在本书里概括的背景是：评分系统将怎样影响着我们把结果摆在优先位置，而不是把过程摆在优先位置。

在整个学生时代，我发现数学是最难的科目。即使是很小的时候，我就觉得，数学的许多方面对我来说没有意义。老师会在黑板上讲授一些新的内容，我会专注地听，并且尝试着跟上老师，但这并不管用。我会开始做一些新的作业，决心用刻苦的学习来弥补我对数学理解不足的缺陷，但同样不管用。很大程度上，我是一个具有创造型思维的孩子，并不是那种具有分析型思维的孩子。所有这些，都在我的数学成绩上得到了体现，我的成绩单总是表明，我是常年拿 B 的学生，尽管在其他科目上不时能够拿到 A，但绝不是数学。在那些需要人的右脑较发达的科目上，比如创意写作，我通常是第一个完成作业的人。但在数学这门课上，等到下课铃响起、大多数学生都已经离开之后，我却还在做题。我的一些麻烦，可能部分由于差劲的教学。我说这个，是因为曾经有一两位数学老师非常清楚地向我介绍了一些课程的内容，这样的话，我可以想方设法拿到 B 或者 C，但这些只是例外。

我从上学的经历以及分数中了解到的关于自己的一切，证实了我们是怎样将结果列为优先，而不是将过程列为优先的。我们大多数人在学生时代都听说过一些话，它们实际上深深扎根于"过程，而不是结果"的心态之中。我说一些鼓励的话，比如"拿出你最大的努力，那才是重要的"和"尽你最大的力量，那是任何人可以付出的一切"，这些话，实际上是一些很好的建议，但某种程度上，我们大多数人都知道，它们是一些空洞而造作的表述。说起数学这门课，坦率地讲，我已经尽了自己最大的努力，但看看我的成绩单，数学成绩从没让我感到过一丝欣慰。在我的成绩单上，其他科目我可能得过 C、B、A 之类的分数，但在"数学理解"这一栏，一定是 D（这很可能是给我勤奋学习送上的一份礼物）。万幸的是，我的父母对学业成绩并不十分在意。尽管我拿到的分数很低，他们也总是鼓励我。虽然如此，从我的小学时代直到大学时代，我在内心里对那些分数的感知，与我是什么样的人以及我对自我价值的衡量紧密地联系起来，至少在数学上如此。我对各种类型的数学题都感到恐惧，我觉得凭自己的能力是无法克服那种恐惧感的。

我在这个方面其实并不孤单。有些人的父母可能对孩子的学业成绩投入了极大的关注，所以，这些人对分数的力量有着更强烈的感受。这方面的一个例子是我在 25 岁那年，靠自己的收入在当地一所大学参加了一个音乐理论培训班。我创办了一家公司，以支持自己的学习，严格说来，参加这个培训班的决定也完全是我自己做出的。因为我是自营职业，因此可以不必限于参加晚上的培训。我会和一些刚刚升入高中的孩子们一同参加白天的培训。

这个培训班的其中一项作业是在电脑上操作，电脑上有一个程序来测试我们在班上学到的所有内容。该程序还对我们每个方面的表现评分，而且，在我们通过对当前所学内容的测试之后，才能允许进入下一堂课的学习。整个系统的这种特性，使事情变得越发糟糕。如你预料的那样，我们在一个摆满了电脑的实验室里操作，但它们全都与一台中央主机相连。教授可以随时登录我们的课程，并且准确地看到我们对这堂课的内容究竟掌握得怎样。那个时候，互联网和家用网络还没有普及，因此，这种概念看起来很有些未来主义的色彩，而且某种程度上令人望而生畏。似乎所有这些还不够，教授还给我们的作业赋予了时间元素。我们只能在一定的时间内给出每一个答案。格外糟糕的是，我们的班级是一个测试组，但我们自己并不知道。教授给我们规定了时间，但另一个讲述同样课程的姊妹班级，却没有时间的限制。然而我们并不知道，我们是唯一必须在规定时间内给出答案的培训班。

我不想透露我是怎样发现这个秘密的，但我了解到的是，大学中的某个人想看一看，如果学生在完成作业时增加时间的限制，他们对同样内容的学习会不会更快一些。这是个有趣的点子，只不过由于我们是第一次参加这样的测试，因此，教授真的不知道学生在计算电脑提出的问题时究竟花多长的时间才合理，该为他设置多长的时间限制。从总体上看，教授低估了时间长度，我们没有人在分配的时间内回答出那些问题。如果将答案输入电脑时，用了太长的时间，那么，即使答案正确，电脑也会认定为错误，进而判定测试失败。另外，电脑实验室的测试，在培训的最终分数上占33%的比例，这使得我们更加感到失败。

参加培训班的第一天，我们收到了一张课程安排表，上面描述了我们每天在电脑上测试的预期进步。实际上，我们甚至没有一个人接近过这张表上的描述，而学生越是落后，便会感到越大的压力。一天，教授犯了一个错误，他十分随意地声明，学生不可能跟上实验室电脑的速度，并且提醒我们，不要忘记这些电脑测试对我们分数的影响。结果，他获得的意想不到的反应是：我们这些学生全都惊恐地回想起了一部古老的西部片，在其中，一位愤怒的村民找了一根结实的绳子和一棵树，他将树放在水中，然后随波漂流，以逃离那片陆地。

直到此刻，教授们还是没有意识到，他们将学生置于了不可能赢的境地。他们以为给学生留出的时间既足够多又公平，学生难以顺利地完成测试，是因为他们没有花足够的时间去练习。但在现实中，学生已经花了太多时间，甚至暂时把其他的课程抛在一边，全力以赴地学习这门课程。他们中的有些人明显已经力不从心了。

但我却对此置之度外，因为我是一名成年学生。我为自己的培训班付了钱，而且我根本不在乎自己拿到什么样的分数。我唯一感兴趣的是那些对我在音乐作曲方面有帮助的信息。我不必把自己的分数发电子邮件告诉父母，因为这是我自己报名参加的。由于我比其他学生年纪大一些，因此觉得培训课不会对我的生活造成极大的影响。以前，我也在一些测试中不及格过，而我现在仍在这里参加培训班。我感觉自己像是一位已经不抱希望的父亲或母亲，心急如焚看着孩子根本不把这些分数放在心上，而实际上，这些分数却对他们十分重要。

　　这个故事的重点在于，其他学生是怎样来解决这个问题的。简单地讲，他们作弊。他们明目张胆地作弊。原来，每个人都可以自由地进出电脑实验室，不受时间限制。实验室24小时开放，每周开放7天，而教授不可能时时刻刻都在那里。一旦学生发现了电脑所提的问题是什么，会先在备忘录上写下所有的答案，然后来到实验室，把备忘录放在腿上。在电脑完成了提问环节的时候，他们便把正确答案输入到电脑中。他们完成了所有的任务，获得了完美的分数，并不觉得自己的行为有什么不好。不幸的是，在此过程中，他们学到的音乐理论少之又少，甚至完全没有。我在电脑上完成作业并和他们攀谈时，总是一而再再而三地听他们说些同样的话："这门培训课和这台电脑，总算没有拖我分数的后腿。"在他们眼里，分数就是一切；真正的知识，什么也不是。到最后，他们完成了课程，得到了一张打A分的纸，但那张纸其实什么都不是。他们在三个月的培训期间（过程）几乎没有学到任何东西，但他们感觉自己赢了，因为他们获得了完美的分数（结果）。他们真正获得了哪些持久的价值呢？

　　另一方面，他们还有哪些选择呢？我们的文化是一种以结果为导向的、注重基本任务的文化。各公司每次聘用求职者，总是先聘用分数为 4.0 的人，再考虑分数为 2.0 的人，因为他们觉得，分数为 4.0 的人比 2.0 的人能为公司做出更大的贡献。对他们来说，4.0 意味着你是个什么样的人，也意味着你将来的潜力有多大。在这种特定的情形下，如果某位学生坚持说"忘了分数吧"，并且在刚刚学习的知识上付出了自己最大的努力，但是，从目前的情况来看，他依然没有一种有效的办法来介绍自己在学习中取得的成绩和付出的艰辛。即使在许多国家制造的产品中看到了大量的证据，证明以过程为导向的方法其实有着巨大的价值，但我们的文化就是不认可这种价值。回首 20 世纪 70 年代中期，制造业在商界异军突起，所有人都想买一辆日系车，因为它们的质量远远高于美系车。美国的汽车制造厂都想知道其中的原因，并想采取措施提高自身产品的质量。但这种现象其实并不限于汽车制造业。日本人制造的钢琴也开始越来越受欢迎。一些钢琴品牌，尽管人们以前没有听说过，甚至可能还没有适当地推广，但人们可以看到，它们的质量明显高于其他国家制造的钢琴的质量。日本人在他们的生活与工作中十分注重以过程为导向。我们之所以难以在制造业中和他们展开竞争，是因为我们无法复制他们的工作环境或者思维模式，而他们正是在这些方面与我们有着极大的不同。

我曾为一家大型的钢琴零售商服务过。这位零售商向我讲述了一个故事，真实地证明了日本和美国这两个国家文化的重要差别。有一次，这位零售商前往日本，参观一家钢琴制造厂的生产车间，而他销售的钢琴正是出自这家工厂。他沿着装配线一路走下去，看到一位工人正在准备刚刚浇铸出来的钢琴琴板（是一块大型的镀金板，琴板上面装着所有的琴弦）。这些琴板用铸铁制造，从浇铸的模子中取出时，表面十分粗糙。琴板必须经过打磨和抛光才能喷漆。日本人制造出来的琴板成品，绝对毫无瑕疵、优美漂亮。那位工人正在准备琴板时，我的这位零售商朋友问他，每天能给多少块琴板打磨、抛光和喷漆。他一脸疑惑地望着我的朋友，回答说："在保证完美的前提下，尽可能多。"

我的朋友问道："但是，没有一位上司来管你吗？"

日本工人反过来问道:"什么是上司?"

我的朋友回答:"就是保证你正确履行工作职责的人。"

日本工人说道:"为什么还要别人来确保我正确地履行工作职责呢?那就是我的职责。"

我们为何不能以这样的思维模式来思考呢?如果他要花上一整天时间才能为一块琴板完美地打磨、抛光、喷漆,那么,他就正确地做好了自己的工作,并且达到了公司对他岗位的期望。那个岗位要求他把自己的全部精力集中在当前,并一直保持在那里。通过练习这种正确的思维,他可以生产出最优质的产品,并且始终保持新鲜生动、整齐有序的思维。一块完美的琴板比20块可接受的琴板更珍贵。

日本人使用目标(在这个例子中,是制作完美的琴板)作为船舵,同时,他们知道,从长远看,这种耐心的方法将产生更为卓越的成果,使得他们制造厂的业绩胜过美国制造厂的业绩。他们彻底颠覆了汽车和乐器制造业,更别提电子工业了。

另外,我们对任何事情都有点儿迫不及待。我们想要结果,现在就在等着结果。我们集体跳过产生结果的过程，直接得到结果。我们对立即得到某件东西痴迷不已。许多美国人的信用卡债务飙升，陷入了万劫不复的深渊，因为信用卡满足了这种"现在就得到，日后再支付"的思维模式。信用卡的前提是在经历过程之前先得到结果，而不是让人们先经历过程。这种思维模式一般只会让人产生失败感和空虚感。我们都体会过，很想买某些东西，但手头没有足够的钱。于是，我们欠一些信用卡的债务，先买下它们。如此一来，我们达到某个目标、产生满足感的时刻，通常比收到第一张信用卡账单的时刻要早得多。

　　我们用一些短语描述对这种思维模式的上瘾。"即时满足"便是其中之一。它可以更准确地表述为"即刻满意、短期满足"，因为以这种方式获得的任何一样东西，对我们来说，都没有真正的、持久的价值。你可以回想起通过刻苦努力并在耐心等待之后得到的任何一样东西，但是，对于丝毫不费力气便获得的那些东西，你又记得几件呢？当我们将自己的精力全部集中在获取某样东西的过程，并且通过保持耐心和遵守戒律来获得它，那么，无论它是一件物品还是一项技能，我们都可以体验到愉悦，而且是一种不会很快或很轻易就消散的愉悦。事实上，当我们回想尽自己最大的能力去获取的东西时，过程便会印在我们的脑海，而不是这样东西本身。我们会记得，我们完全掌控了自己不想遵守戒律的天性，并且在此过程中培育了耐心和恒心，体验到了愉悦和满足。我们记得的这些，不受时间限制，因为我们会一再体验到它们。

　　我对自己的第一辆小汽车没有什么依恋，那是我 25 年前辛辛苦苦工作了整个夏天才买下来的，但是，我能记得在挣钱过程中努力工作的每一个细节。当时，我同时打了三份工。当我的朋友们到海滩度假或者外出闲逛时，我在坚持工作，结果，到那年夏末，我是唯一一个开上了车的人。在确实没有足够的钱来买车时，我一度对买车有些迫不及待，当时我父亲说过的一句话，我深深记在了脑海里。他说："你会发现，真正的买车远不如你为买车而奋斗那么令人满足。"他说得很对，我从来没有忘记那些话。买了车之后，和之前的预期相比，我甚至还有一些失落。在买车之前，我预期自己拥有它的情形，努力地为买下这辆车而工作。

　　"现在就得到"的这种视角，不仅仅是个人的视角。我们的整个文化，以许多方式、在许多层面上鼓励这种视角。一些公司对短期利益更感兴趣，因此，在决策时牺牲了组织及员工的长远健康。奇怪的是，如果你问大多数人，他们一致认为，这种态度确实在我们的社会中占据主流，但我们似乎身处一辆失控的列车上。我们需要刹一刹车，而且，必须从每个人的内心开始。一旦我们将自己的视角变成重点关注当前这一刻，便会知道"注重过程不是注重结果"是对的。我们便会平静下来。我们的优先事项会自动做出调整，我们会因为自己所拥有的和当前所处的状态而感到平和，觉得有成就感。有句老话说得好，"人生并没有目的地，人生就是目的地。"这句话有其真正的内涵。

　　让我们回头来看看和我一起参加高尔夫球培训的同学们。是什么改变了他们的体验，并激励他们以提高高尔夫水平为目标呢？如果他们转变一种思维模式，更加注重过程而非结果，那么，他们的训练的技术性细节也将随之而变。他们会将思绪停留在当前这一刻，有意识地并且以明确知晓自己意识的方式来练习挥杆击球。他们对这种练习挥杆击球的感觉也会改变，而且，他们产生的这种"在我完全熟练地掌握高尔夫球技之前，不可能产生愉悦感或者感觉像是在练习"的错误感觉也会消散。

思维模式转向"注重过程而非结果",将使你摒弃那种错误的感觉,不会再推迟训练,反而期待训练课快点儿到来。

总而言之,我们培育练习的心态,归结为一些简单的法则:

- 让自己始终以过程为导向。
- 重点关注当前。
- 将过程确定为目标,并且运用总目标作为船舵,以指引自己的努力。
- 对自己想要做到的事情刻意地训练,带着意图训练,并且自始至终清醒地知道那种意图。

做好了这些,你将消除源于以结果为导向、受结果驱动的思维的那些判断与情绪。

当你始终知道你的意图,以便着重关注当前这一刻时,会很容易发现自己什么时候没有采用这种视角。在那些时候,你马上开始判断自己做了什么、做得怎么样,然后体验到不耐烦和厌倦。你发现自己处在这些时刻时,只需轻轻地提醒自己,你已经和当前脱节了。这样一来,你便已经开始塑造内心的"观察者"，事实将证明，这对你的自我指引十分重要。

尽可能理解这个练习。尽管它并不是你曾做过的最容易的练习，但可能是最重要的。如我此前说过的那样，世界上各种主要的哲学与宗教都以极其详细的程度阐述了聚焦于当前的价值，以便获得自强和内在的幸福。如果你开始屈服于气馁的情绪，回忆一下本章开篇的一些话：耐心与自律的问题是，要培养它们中的任何一个，都需要同时具备它们两个。

当我们试图理解自己以及我们对人生中各种努力的痛苦挣扎时，可以通过观察一朵鲜花来找到平和。问你自己：一朵鲜花的生命，从撒下种子到完全盛开，在什么时候可以达到完美？

第3章 chapter3

关键是视角

我们在生活中体验的焦虑，源于一种感觉：我们总感到自己涉足其中的所有事情，总有一个完美的终点。不论在什么事情上追求完美，也不论在什么地方追求完美，我们都不完美。我们继续有意或无意地观察生活中的每件事，将它与我们觉得理想的事情对比，然后判断距离理想还有多远。拥有大房子、赚更多钱、买辆新车等，都是这种例行比较的正常组成部分。

在著名的电影（以及小说）《天生好手》

（*The Natural*）中，有一个引人注目的场景：一位棒球运动员刚开始出现在职业比赛中，便受伤了。说起打棒球，他拥有近乎神奇的才能，很可能成为史上最著名的运动员。但他在一个尴尬的场合中受了伤，因此不得不退出球场许多年。最后，他终于回归球场，尽管已是一个中年人，但他令人不可思议的天赋，使得他能够在职业队里打球。没过多久，他成了英雄，但他的伤不可能完全治愈，到最后旧伤复发，不得不住进医院。

在这里，我想到了这部电影中一句令人印象深刻的台词。他在灰心丧气地回忆自己的童年时期时说："我本来可以做得更好。我本来可以打破有史以来的每一项纪录。"他的回答如此简单，却让人听起来肝肠寸断："然后呢？"这三个字构成的台词，让人无不动容。一位跑步者打破了 4 分钟跑 1.6 千米的纪录，然后呢？一位独奏音乐家首次毫无瑕疵地演奏了他觉得最难的音乐作品，然后呢？一位高尔夫球员终于突破了 90 杆的成绩，一位企业家赚到了自己的第一个百万美元，然后呢？所有这些完美的个人形象迅速消失于无形，构成另一幅更加新鲜的画面：跑得更快、演奏更难的曲目、更低的标准杆，以及赚更多的钱。

这些理想的画面存在一个问题：它们可能不切实际，甚至不是能够达到的目标，而且，一般情况下，它们与真正的幸福无关。事实上，这些画面是通过营销手段和媒体转嫁给我们的。我们在电视上和电影中看到，一些长相完美无缺的人们，悠然地过着完美的生活。在电视广告片中，这种错觉甚至更强烈地展现在人们面前："买下这件产品，你的生活将变得更加完美。"或者，甚至更糟糕："不买这件产品，你的人生将是不完整的。"汽车广告尤其引人发笑地过于强调这些信息。他们将某一款特定汽车的使用权当成一种愉悦的体验来加以推广。在现实中，我们所有人都知道，花钱买车其实是一种差劲的投资，因为汽车的贬值比其他任何物品的贬值更快，而且，当我们买了新车时，大多数时间都会担心它被人偷去或放在当地商场的停车场里被别人损坏。此外，尽管电视广告片中常常出现这样的场景：司机驾车穿过两旁都是农场的荒凉的乡村小路蜿蜒而行，在秋天的美景中驰骋。但在现实生活中，我们坐在车里，经常被堵在高速公路上。尽管如此，广告还是向我们展示形形色色的产品，我们觉得，只有购买了那些产品，才算是满足了对生活的期望，从汽车到衣服到饮料。

通过观看你最喜欢的节目期间插播的那些广告，你可以加深对自己的了解。可以确定的是，广告商花了大量时间来研究哪种人格剖析图的人们将会观看哪种特定类型的节目，然后才决定赞助哪些电视节目。广告商甚至更进一步，明确要求哪种类型的节目将吸引真正接受商家广告的受众。

不过，我们怎样达到这种完美的画面，与知道它们怎样扭曲了我们追求幸福的观点和视野，并不是一回事。如果用这些画面作为鼓励，那它们可能十分有益；但如果作为一种测量标准，那它们可能成为我们失败的原因。例如，你可能在某个晚上出去听一场音乐会，聆听了世界级钢琴师的独奏表演。第二天，由于被头天晚上的演出所感动，你决定学弹钢琴。如果你购买了一张头天晚上的钢琴独奏家的CD，并且用来激励自己练习弹琴，那可能是一件好事。不过，如果你从一开始拿自己的表演与那些钢琴独奏家的表演进行对比，来分析对比的结果（我们通常会下意识地这样做），那么，你便在朝着不满的方向前进，甚至会感到十分失败，放弃自己的努力。

如果你不相信自己会做这些，更加深入地观察自己，我们其实都会这样。这正是广告如此奏效的原因。它让我们产生一种"如果我不得到这些、这些以及这些,总有些什么不对劲儿"的感觉来折磨我们。无论"这些"到底是拥有某件特殊的物品,还是获得某种特定的身份,并不是很重要。要克服这种天性,你必须清醒地认识到,我们有可能以这样的方式来感知生活,并且知道,我们的文化强化了朝着那种感觉发展的趋势。我们照镜子,根据当前的流行趋势来判断自己的外表,并看看是否与之相符。你出门到一个高尔夫球场打球,会发现有人愤怒地把球杆摔在地上,因为他在一次特定的击球中没能将球入洞,但那一击,可能超出了他的能力范围。不过,他的理想与参照点是其在电视上看到的某位职业球员。这样的职业球员,每天要击球 500 次,每星期要打 5 次高尔夫球,而且,旁边还有一位教练在观看。这就是我说的不切实际以及也许无法实现的理想画面的意思。我们讨论中的业余爱好者,也许每星期只打 1 场球,上几堂培训课,一个星期才击球 100 次。然而,他对照的标准却是职业运动员的成绩。

在任何事情上,当我们采用完美的画面来对照时,通往幸福的路就可能出现重大的曲折。这是因为,一幅画面或者一种理想状态,其实是冻结的、停滞的,并受到其本质的限制。理想状态意味着它与特定情形一样好，或者可以获得某样东西。相反，真正的理想状态是无限的、不受约束的，而且总在扩展。我们可以通过研究一朵鲜花的生命，来获得高效得多、满意得多的视角。

再读一遍本章开篇的那个句子：当我们试图理解自己以及我们对人生中各种努力的痛苦挣扎时，可以通过观察一朵鲜花来找到平和。问你自己：一朵鲜花的生命，从撒下种子到完全盛开，在什么时候可以达到完美？

让我们看一看，我们每天走过花园中的鲜花旁边时，大自然会教我们一些什么。在什么时候，鲜花是完美的？当它还只是你手中的一粒种子，等待着你去种下时，它完美吗？在那一刻，它就是一粒种子。当这粒种子在几厘米深的土壤中开始悄无声息地第一次发芽时，它是完美的吗？在那一刻，它首次展现了我们称之为创造的神奇信号。那么，当它的嫩芽第一次钻出地面，第一次接受阳光的照射时，它完美吗？它用尽其所有的能力来寻找这种生命之源；在这一刻之前，它只是在地下悄无声息地成长着，告诉自己要以怎样的方式成长。当它开始开花的时候呢？它完美吗？这个时候，它的个体属性开始显现。叶子的形状、花苞的数量，所有这些，都是这朵鲜花独一无二的属性，尽管它们在同一物种中的其他花朵间也是独一无二的。或者，在鲜花盛开的时候，花朵的所有能量与努力是不是达到了它生命中的完美时刻？不要忘记，花朵会谦虚地、静静地凋谢，到那个时候，它会回到曾经养育它的大地之中。那么，在什么时刻，花朵是完美的呢？

我希望你已经知道了下面这个答案：它自始至终都是完美的。它在种子落到土壤中的那一刻是完美的，不论在成长的哪个阶段的哪个时刻，它都是完美的。它在做一颗种子的时候是完美的，那时，人们将它种到地里。在那一刻，它就是它应当成为的东西：种子。它当时没有那些鲜艳绽放的花朵，并不意味着它就不是一颗好的花种。当这颗种子开始发芽，钻出地面时，它并不会因为只是显现了单纯的绿色而不完美。在它生长的每个阶段，从最初的种子到怒放的鲜花，以及最终凋谢、回归大地，它都是那朵鲜花的生命的各种特殊阶段，都是完美的。一朵鲜花，首先必定是一粒种子，而且，一定要有水、土壤、阳光的滋润，还要历经时间的沉淀，它才能够长成一朵最终怒放的花朵。所有这些要素，都要在时间的沉淀之中共同努力，才能催生美丽的鲜花。

你会不会这样想象，一颗花种被种到地下以后，对自己说："这需要太长的时间了。我必须把身边的所有这些土壤都推开，才能长到土壤的表面，见到阳光。每次天空下雨或者有人给我浇水，我的全身都湿透了，而且周围全都是湿漉漉的泥巴。我何时才能怒放啊？只有到那个时候，我才是幸福的；到那个时候，所有人都对我赞不绝口，留下深刻印象。我希望我是一朵兰花，不是那些没有人注意的野花。兰花……哦，不，等等，我想成为一颗橡树。它们不但比森林中的任何其他植物块头更大，而且活得更长久，对不对？"

我们每天所做的事情，和上面描述的花儿的独白一样，听起来十分可笑，而且，我们每天以各种各样的方式在这么做，也好比花儿对自己说的那样。对于所做的事情，不论是什么，我们都有意或者无意地选择一个参照点，并且觉得，在到达那个参照点之前，总有些什么不正确的地方。如果退一步，反思你的内心在一天之中时不时进行的内心独白，你会惊讶地发现，你的想法和这类思维有多么接近。

我们驾车到别处去时,恨不得一下子就开到那里。我很怀疑,无论开车去哪里,我们通常觉得,重要的是到底能不能不迟到。或者即使迟到,也不超过 15 分钟。然而,我在高速公路上开车时,发现身边所有人都顶着限速的最高速度开车,而且可能从来没有注意过他们驶过的地方的风景。我从自己的后视镜望去,发现有的人对前面的人挡住了他的路感到愤怒不已,并且,当他处在这种情绪状态中时,他的身体和想法的不耐烦所带来的应激与压力,使他整个人感到疲惫不堪。如果你在一天之中经常退后一步,观察自己的注意力投向了哪里,你可能惊讶地发现,你的思绪很少集中在自己的情绪状态以及正在做的事情上。

当你对自己参与的每一项活动都形成了把思绪放在当下的方法时,好比花儿那样,意识到自己当前正处在什么阶段,那么,你在那一刻便是完美的,会体验到如释重负的感觉,感到自己从一种虚构的、自我施加的压力与期望中解脱出来,那种压力只会放缓你前进的步伐。在一天之中的任何时候,只要你注意到,你感觉厌倦、不耐烦、冲动或者对自己的表现感到失望,那就得意识到,你还可以在这项活动中关注当前的这一刻。看一看你的思绪与精力集中在什么地方。你会发现,它们要么漫游到了将来，要么回到了过去。你可能下意识地把注意力集中在你想要实现的结果或产物之上。那种感觉通常出现在一些生产某种有形产品的活动之中，包括给房子刷涂料、减肥等。我把这类活动归类为对将来的分心，因为你想得到的结果将你的思绪与精力从当前这一刻拉了出来，进入到对将来的展望之中。你想要得到"怒放的花朵"，而忽略了其他的一切。

不过有些时候，并不是一件看得见、摸得着的事情让我们的思绪飘离了当下，而是一种情形。想象这一点：你站在厨房里准备晚餐，你的孩子或者丈夫在向你讲述他这一天发生的事情。他跟你说话的时候，你有没有看着他的双眼？你是完全听进去了他在当前这一刻与你分享的东西，还是一边在听，一边在想着吃完晚饭后到哪里去散步，或者一边在想着你那天在工作中对某个人说过的一些让你觉得后悔的话？

在一天中，尽可能多地让自己停下急匆匆的脚步，并且问一下你自己："我是在练习像花儿一样的品德，并且用我的思绪和精力将自己停留在当前这一刻吗？"天性知道什么因素会奏效，因为它不需要应对自我。我们的自我，使我们构想了关于完美是什么以及关于我们是否达到了完美的错误观念。正如我前面说过的那样，真正的完美是不受限制的。它并不是一个具体的数目，例如你衡量自己有多少完美，或者产生了多少完美。它也不是一项特定的技能水平，不论你从事某项活动用了多少时间，并且付出了多少努力，体育界或者艺术界的任何一位超高水平的人士会告诉你这一点：他们对完美的观念，总是离他们有一定距离；这种观念，始终是根据他们现有的体验和视角来评价的。当我们了解了这一真相时，便能够踏上通往真正的、真诚的、幸福的道路。我们会意识到，自己就像美丽的花儿一样，那么美好，或者，当我们就处在当前所处的地位，并且专注于在那一刻做得好的事情时，我们就是完美的。采用这个视角，我们对于达到某个错误目标的那种不耐烦，可能现在就消散了，那样的错误目标不会使我们比当前这一刻更幸福。

　　只要我们简单地通过一朵花来观察天性是怎么回事，便可以从中学到许多。花儿知道它是天性的一部分，我们却忘记了那一点。记住，在终生追求练习思维的过程中，我们不会因为自己能够说"我已经掌握了对认识当前这一刻的方法"而感到烦恼。这是一种基于自我的表述。我们追求练习的心态，出于一个理由：它使我们获得内心的平和与幸福，如果我们去追求任何物质的目标或者文化的地位，则不可能获得这种平和与幸福。我们实现的东西，不受时间限制，永远和我们在一起，而且，可能是我们真正可以称为所拥有的唯一一样东西。当我们意识到当前的态度会让自己渴望某些并不能轻松得到的东西时，我们便会自然而然地产生毅力，这正是每天追求关注当前这一刻的态度所需要的。不论我们在一生中的所有成就与获得是什么，我们仍感到一种填补内心空虚的渴望。我们也许没有清醒地承认内心的空虚，但我们对答案的需要依然摆在那里。如果它没有摆在那里，那我们就不会去读一些东西，比如这本书。

着重于当下的意识，可能是当各种条件都适合时的一种自然的状态。事实上，在我们一生中，无数次地体会过这种心理状态。在辨别我们哪些时候沉浸在这种状态之中时出现的问题，其实是一种自相矛盾。当我们完全专注于当前这一刻，并且完全沉浸在正在做的事情的过程中时，我们便全身心地投入到这项活动中了。只要意识到我们有多么聚精会神地做某件事情，我们便不用再专心于它了。现在，我们把精力集中在这样一个事实上：我们正在聚精会神地从事这项活动。正确地练习时，我们不知道自己在正确地练习。我们只是知道，并且全身心地投入到自己在那一刻正在做那件事情的过程之中。

在禅宗中，那种状态被称为"初学者心态"（beginner's mind）。你刚刚从事任何一项活动时，要取得一定的成绩，就得全神贯注，那么，你的心智不会存在任何的絮絮叨叨。当你更精通某项活动时，实际上，你也更难完全地专注于它。还记得你第一次学开车的情景吗？你完全投入到了学习开车的过程之中。你有一种初学者心态。现在让你再来开车，你已经失去了那种初学者心态。你会一边听收音机，一边开车，而你在刚开始学习开车时，会把听收音机当成一种分心的活动。如今，你还可能一边开车，一边和车里的其他人闲谈，或者想着你当天晚些时候要做的一些事情。你的思绪并不在当前的这个地方，而是在别处；你的思绪没有停留在你正在做的事情上，而是停留在别的事情上。下一次你打开车门，坐上驾驶座时，试着不去想其他任何事情，只想着怎么开车。试着将你的意识放在其他的专注开车的驾驶员放置意识的地方，并且将你的意识放在他们当前正在做的事情上，停留在驶过的风景是什么模样，以及你的双手怎么放在方向盘上等一些细节之上。如果你一个人开车，试着停下任何的内心独白，并且关闭收音机。那将让你感到恼怒。你会发现，你不可能放弃自己的意识，试图**不去想**开车以外的任何事情。在你还没学会开车的时候，这些事情是如此简单自然，而如今你完全胜任开车以后，这些事看起来已经变得不可能。这种练习的关键，并不是让我们感到，即使通过努力也不可能达到期望的心态，而是在帮助我们理解，专注于做某件事情时，应当采取怎样的行为和感觉。

同时，这也是武术的真正目的。好莱坞的大片使得武术看起来成为一种由超人来搏斗的形式，目的是与各种各样的敌人搏杀，并轻松打败他们，但这其实与武术的本质相去甚远。不同形式的武术，旨在教练习者在当前这一刻怎么做，并且通过一种自我保护的渴望，迫使他们进入到这种心态之中。学生勤奋地练习他正在学习的所有特殊形式的动作。这些动作是**刻意地**让他们怀着意图和意识一遍又一遍地练习的，以求练到极致。那样一来，它们就变成完全是条件反射的和直觉的动作了。

当两位武术练习者在台上拳击时，他们完全专注于当前这一刻。他们知道自己与对手之间的关系，也知道对手在做什么。他们仔细观察每一秒钟发生在自己身上的事情，并且出于直觉地对对手的举动做出反应。如果在类似这样的场合分了神，你马上便会知道（会被对手打到）。此时，你没有时间去想其他任何事情，只能一心一意地聚焦于进攻和防守的过程。每时每刻，你都必须准备好防守或躲避对手的主动出击，同时还要做好准备，一旦机会来临，可以迅雷不及掩耳之势进攻。这些拳击比赛让参与者有机会体验直觉的、完全聚焦于当前这一刻的意识，那种意识在他们实际上并没有面临致命危险，但对生命造成威胁的情形中出现。

如果想象自己身处类似这样的情形中，你会发现，在当前这一刻的体验期间，除了这种体验本身，你不可能还知道其他任何事情。这也是当我们在练习以过程为导向的心态时不可能观察自己的原因。我们能够做的，是运用这些质疑我们是不是全心全意地聚焦于过程的时刻，来提醒自己什么时候没有做到全神贯注。

当我们沉浸在以过程为导向的心态时，不可能直接观察自己，尽管如此，我们却很容易观察别人是不是处在这种状态。这方面一个最好的例子是观察某个正在玩电脑视频游戏的人。你会发现正在进行中的完美练习。视频游戏提供了一种自然而然的环境，将人们带到一种专注于当前这一刻的意识状态。在视频游戏中，得分基本上是玩家努力赢得的最终结果或者产物，但游戏本身才是玩家的乐趣所在。玩这种游戏的过程，可以吸引你全部的注意力。如果你多花了哪怕一秒钟去瞟一眼分数，很可能让自己在游戏中战胜电脑的努力付之东流。如果你在一旁观察某人玩电脑游戏，会发现他们多么专心致志地沉浸在那一刻他们所做的事情之中。即使最终的目标可能是夺得最高分，但他们似乎只在表面上知道这一点。玩游戏的过程，要求他们集中全部的注意力。如果你和正在玩游戏的人聊天，他们甚至不会回答你，因为他们太专注于游戏的过程。在看电影时，如果我们觉得某个情节特别有趣，也会产生同样的效应。我们说这些游戏或电影"俘获"了我们，因为它们紧紧地吸引了我们的注意力。

我们发现，许多人在娱乐活动中十分擅长做正确练习。在从事这些活动的时候，我们把所有的注意力都放在当前，放在正在做的事情上。那么，到底工作与娱乐活动有些什么区别呢？为什么我们发现自己在玩的时候，比在工作的时候更容易做到专心致志呢？如果我们可以找到这两个问题的答案，便可以帮助自己提高在任何时候都专注于当前这一刻的能力。

我发现，这两类活动的唯一区别在于，我们预先判断了它们。我们做出一个有意识的决定，确定如果我们喜欢某项活动，那么它不是工作。因此，我们一定是暂时地不再用工作的定义来指代日常的职业。在这一探讨中，工作指的是我们不喜欢的任何活动，尽管它一定包含了我们的工作职责，或者至少包含了部分职责，但它也包含了我们"不期望"的任何活动。

我们知道，这种对某项活动到底是工作还是娱乐的预先判断，并不是通用的，这是因为，某个人的爱好也许是另一个人的苦差。有的人热衷于园艺，另一些人甚至想把园里的草都剪掉才好。有一天晚上，我看了一个叫作"玩蛇的乐趣"的节目。对我来说，这个节目的标题是自相矛盾的（玩蛇怎会有乐趣可言），但对节目的主持人来说，它非常有意义。

知道我们会预先判定活动，然后将它们归入两个类别中的一个，很有意义。它向我们证明，并没有哪件事情是真正的工作或者娱乐。我们完全是通过自己的判断，将某项活动归类为工作或者娱乐。下一次你发现在做一些自己觉得不喜欢的事情时，暂停片刻，问问自己为什么。那项活动究竟为什么让你产生那种感觉？你会发现，很多时候，你真的并不能确切地说出自己为什么不想做某些事。到最后你会说："我现在就是不喜欢做这件事。"这意味着，你喜欢做的事情是其他的事情，而你并没有将它们定义为"工作"。你的思绪并不在当前这一刻，而是放到了将来，在预期另一项活动。

但是，在下意识的判断过程中，为什么我们将某项活动定义为工作，而把其他活动定义为"不是工作"呢？我觉得，很大程度上，我们之所以把某件事情定义为工作，是因为那项活动需要做出大量的决策，可能让我们感到压力重重、疲惫不堪。当你正在做出的决策很难察觉时，以至于你甚至不知道自己在做出这些决策时，尤其会是这种情况。

有一次，我正在为一个管弦乐队和独奏表演家准备一架演唱会钢琴，我发现自己正在体验着"我就是不喜欢做这件事"的心理状态。当我试图准确地说出为什么会有这种感觉时，我意识到，那是因为我在调音的过程中必须做出数百个决定，而且，我需要为那些决定负责任。独奏表演家那天晚上上台表演时，如果我没有为他正确地调试好这架钢琴，他多年来的练习与准备都将付诸东流，得不到观众的认可。对做出错误决策的担心，以及知道需要为这些决策承担责任，致使我产生了这种心理压力。而当我开始仔细审视为什么针对自己已经从事多年、拥有得到证明的专长的这件事情缺乏信心时，我意识到，那是因为我没有着重专注于当前这一刻。我知道，我并没有对当时正在做的事情给予全部的注意力。我在想着当天晚些时候要做的事情，我把那件事情定义为"不是工作"。我从潜意识里知道，我并没有全神贯注地投入到调试钢琴的过程中，因为我已经十分擅长这项工作了，失去了我前面描述过的初学者心态。我调试了整架钢琴，但我不记得自己在做那些事情，因为我当时的思绪飘到了未来，在做白日梦。

  这里还有一个听起来可能熟悉的职场的例子。一天，我的一位好朋友和我在探讨这些观点，她讲述了她办公室发生的一件事情。我的朋友说，一位负责计算工资的员工正在埋头干活，因为发工资的日期马上就要到了，而她还要处理数百位员工的工资册。如果不能在发工资日到来之前按时完成计算工资的任务，她可能会面临一些投诉和惩罚，对此，她感到明显的焦虑。

她原本可以打电话给经理，请求这次放宽一些时间，将发工资的日期稍稍推迟一些，但她可能并不是第一次打这样的电话，所以，她的焦虑又添了一分。如果她不能按时造好工资册，发工资的日期将被推迟，老板可能给她发一封电子邮件，质问她为什么没能按时完成任务，其他员工可能给她打电话投诉（为什么迟迟不发工资），而这些事情，她都不得不优先处理，给她本已超负荷的工作量又增加了负担。她有可能因为这件事情而受到老板的训斥，进而可能影响到年度考核。诸如此类。

所有这些想法让她筋疲力尽，在工作中打不起精神，晚上回到家也感到身心俱疲。此外，当她在潜意识中，考虑所有这些令她倍感压力的可能的情景时，这些想法还不断地将她的思绪从当前这一刻拉出来，飘向未来。在不同的情况下，计算工资册的工作可能产生完全不同的感觉。对某些人来说，他们可能甚至没有把这项任务定义为工作，因为与之相伴随的体验并不存在所有这些发生在背景之中的、大声吵闹的"如果－怎样"的提问。

在这种情形中，即使她离开自己的"工作地点"，也放松不下来。回到家里，她在心理上并没有与家人在一起，甚至也难以做好她通常定义为"非工作"的那些事情。更糟糕的是，她在思考这些可能的情形时耗费的大量精力，是在计算工资册的过程之外徒然增加的，这再一次增加了她原本就已十分繁重的工作量。尽管如此，她很有可能没有意识到这些情形正在发生。她只是在想："这是工作，是我不喜欢做的工作。"

一天晚上，我在电视上偶然看到一位知名演员在接受采访。我平时几乎不看电视，因为我觉得，你在看电视时所投入的时间，大多数不会带来回报。但这次特殊的采访吸引了我，因为我听到那位演员在畅谈他后来怎么喜欢上了冥想。这次采访与本书背景相一致的地方在于：他说自己现在已经非常注重以当前为导向了。他发现，由于自己完全沉浸在当下这一刻正在做的事情中，以至于觉得难以对未来的生活做出计划。他了解到，假如将自己的思绪集中在当前，并只专注于他在这一刻正在做的事情的过程，那便完全可以喜欢上他正在做的任何事情。正是这种改变，对他的人生产生了重大影响，也让他的感觉与以往有了根本不同。

下次你再做某些你定义为不愉快的或者定义为"工作"的事情时，试一试这种方法。那件事情是修剪草坪还是洗碗，并不重要。如果活动要花很长时间，告诉你自己，你会致力于把思绪集中在当前这一刻，并且在大约半小时里，做到以过程为导向。过了半小时，你可能像平常一样讨厌这件事，但在最初的半小时里，你绝对只想着你正在做的事情，不再想别的。你不会穿越到过去，想着把这项活动定义为"工作"时自己做出的判断。你不会穿越到将来，预测这项任务什么时候能完成，以便可以去从事一项被你定义为"不是工作"的活动。在半个小时的时间里，你只做那件你正在做的事情。另外，也不要试着喜欢它，这是因为，如果那样的话，你便带了情绪和挣扎。倘若你在修剪草坪，那就接受这样一个事实：你在这一刻所做的一切，就只是剪草。你会注意到自己推着割草机前进时的感觉，也会注意到，由于你的前坪凹凸不平，割草机遇到的阻力也在不断变化。你会专心地割草，并且在身后尽可能留下一条很宽的路，而不至于在呆呆地望着街对面正在洗车的邻居时，粗心地再割一次你刚刚割过的地方。你将闻到刚割下来的草的气味，并注意到那些草在阳光的照射下更显墨绿。只在这项活动进行的半个小时中这样做，你会感到吃惊的。一旦你体会到，原来像割草那么普通的活动也可以转变成一项有意思的活动，你便有机会再继续下去，因为视角的改变对你的人生以及你对人生的感知，都将产生明显的效果。

我并不是说以这种方式来思考，是件十分简单的事情，但是，如我们前面探讨过的那样，第一次学习某件事情时，你已经自然而然并且毫不费力地这样思考过许多次了。不过，在那些时刻，你并非故意这样做，因此，这其中必定有差别。选择在哪项活动中运用这种方法时，最好先从你没有投入强烈情绪的事情开始。如果你怀疑自己欠了5000美元税款，那么，选择交税作为你的第一项活动可能不是个好主意，那样的话，你的情绪可能会使任务变得更难完成。然而，当你越来越擅长专注于当前的思维时，你将意识到，当你正在从事充满了情绪的活动，并且将这种思维的力量会传递给你时，这种思维有多大的价值。练习的心态让你对最棘手的局面依然能够游刃有余地掌控，并且让你能以最小的努力和负面情绪来做事情。这营造了内心的平和，有了这种平和，你能够以较小的努力实现更大的成绩。

在下一章，我们将探讨尽可能容易地发展和培养练习的心态的方法。

习惯是学来的。
明智地选择它们。

第 **4** 章
chapter4

培养期望的习惯

现在，你应该已经注意到了本书涉及的几个主题，或者应该说你应当已经知道了这几个主题。其中的一个主题是意识本身。你不可能改变你不知道的东西。这个事实，比自我改进的概念更加重要。我们需要更清醒地知道我们在做什么、想什么、打算实现什么，以便赢得对生活中经历的事情的掌控。

但事实上，对我们大多数人来讲，这都是一个问题，因为我们与自己的想法太脱节了。我们只是拥有那些想法，它们好比一匹匹奔跑中的野马，我们手里却没有攥着缰绳。我们需要成为自己的想法与行动的冷静观察者，好比老师看着学生完成学习任务那样。老师不能去判断，也不能带有情绪。老师知道他想要学生做到些什么，观察着学生的行动，当学生的行动指向了错误的方向时，老师会轻轻地提醒学生注意，并将学生拉回到正确的轨道上。优秀的老师在应对学生的错误时不会变得情绪化。那种负面情绪来自期望，而如果我们想成为自己的老师，便不希望给自己施加那样的期望。期望与结果或产物相关联，与"事情现在应该是这个样子，如果达不到这个样子，我不会满意"之类的想法相关联。当你体验到这些情绪，它们便在告诉你，你已经没有专注于过程，你的思绪没有专注于当前这一刻。

如我们在前面的章节中介绍过的例子那样，向垃圾篓中投网球时，我们应当观察发生了什么，并且不带情绪地处理观察到的信息，然后再继续下去。这便是我们在致力于学习一些新事物或者在改变某些我们身上不喜欢的个性时应当采取的方式。这还包括致力于解决某些更加抽象的事情，比如，更加清醒地知道我们在想什么，以及成为更深入观察和审视我们自己的观察者。

我们的想法与行动的这种脱节，是我们在生活之中学会的一种思考方式，一种让我们远离真正力量的思考方式。我们必须摒弃这种方法。我们在这里探讨的，其实是习惯。我们做的每件事情，都是一种习惯，只是它以这样或那样的表现方式来显示而已。我们怎样思考、怎样说话、怎样面对批评，以及我们会不由自主地挑哪种零食吃，等等，所有这些都是习惯。即使我们第一次身处某种新环境之中，对这种环境的响应也是出自习惯。无论我们是审视自己的想法，还是它们恰好在我们的脑海中冒出来，都取决于我们学到的习惯。我们也许认为某些习惯是好的，另一些习惯则不那么好，但是，如果你理解了它们是怎样形成的，就会发现，所有习惯都可以随我们的意愿进行替代。

习惯与练习密切相关。我们练习的东西，久而久之会变成习惯。这是非常重要的一点，因为它着重强调了我们掌控自己的"练习的心态"的价值。不论我们是否知道自己在练习某些行为，也不论我们练习的是哪种行为，只要我们的思绪沉入到了这种练习之中，那么，我们练习的行为就将变成一种习惯。知道这一点，对我们十分有利。如果我们理解了习惯是怎样养成的，知道了自己正在养成哪些习惯，那么，便开始有意识地"创造"想要的习惯，而不是成为一些本不愿意形成的习惯的受害者（对于这些习惯，我们不愿意使之成为自身行为的一部分），使我们自己自由地解放出来。如此一来，我们可以掌控自己是什么样的人，以及在生活中变成什么样的人。但是，习惯的养成，背后有什么样的原理呢？这些原理将比黄金还要宝贵。幸运的是，我们不必自己去思考，因为别人已经为我们思考过了。

行为科学家和体育心理学家都对习惯的养成进行过广泛研究。理解了期望的习惯如何养成，以及怎样用它们来替代不期望的习惯，这对我们来说弥足珍贵，尤其是在高尔夫或跳水等一些重复动作的体育运动项目中，更是如此。事实上，你通常发现，高尔夫球员会一遍又一遍地练习他们挥杆动作中的某些特定的部分，或者，跳水运动员站在泳池边时，会在心中默念他们即将做出的每一个动作。他们是在练习和习惯化特定动作。那意味着什么？对我来说，当我们说某件事情是一个习惯时，意思是说，这是我们做某件事情的一种自然方式。我们从直觉上来做事，根本不必去想它。练习武术的学生会一遍又一遍地练习武术动作,将他们对对手的反应习惯化,直到自己能够毫不费力地、发自直觉地、像闪电般迅速为止。在危急关头,并不一定会出现一个智力思考的过程,好比大脑在说:"我的对手在使这样的招,因此,我必须使那样的招。"那种响应之所以发生,是因为它们已成为习武者行为的一个自然的部分。那正是我们所追求的。我们希望自己能够更清楚地知道自己的想法,而且这是我们的一种自然行为,而不是需要费很大的气力才能做到的事情。

达到这种程度,并不复杂。它确实需要一定的努力,但只要我们理解了这个过程,便能以最小的努力取得最好的效果。你需要做的是知晓想要实现什么,知晓为了实现目标,必须有意地重复哪些动作,并且知道你需要不带情绪或判断地采取哪些行为,之后坚持下去。你将感到欣慰的是,在较短的时间内,有意识地反复做某件事情,将使你培养新的习惯,或者用新的习惯替代旧的习惯,所以,有了这样的欣慰,你应当继续做下去。

体育心理学家在研究习惯的养成时得到了非常一致的结果。

一项研究指出，在连续21天里，每天反复做某个动作60次，将形成一种新的习惯，而且，那一习惯将在你的脑海中扎根下来。这60次的反复，不必一次性完成，而是可以分成好几组，比如说，分成6组，每组10次，或者分成2组，每组30次。在体育运动中，这种方法可以用来改变高尔夫挥杆的某个特定方面，或是纠正某个体育动作中的其他任何方面。

想象你在射箭的时候一箭正中靶心。你怎样把弓拉开，以及什么时候呼吸、怎样呼吸，等等，都是正确姿势的一部分。在很多天里，每天多次练习正确的动作，可以将那个动作内化为一种习惯，让你感到正确而自然，而且，无须有意识地思考便能完成。不过，正如你也可以随意地拉开弓，虚张声势一番，那也将成为一个学到的习惯。这便是你必须清楚地知道自己正在养成一种习惯、知道想要实现什么，并且有意识地运用精力的原因。

用期望的习惯替代不期望的习惯，同样也是这种方式。我确信你曾经有过这样的经历：你想改变自己长期以某种特定方式来做的事情。起初，这种新的方式让你感觉极为陌生和别扭，因为它与你的旧习惯格格不入。但经过较短的时间，通过有意的重复，你感觉新的方式成为常态，反而觉得旧的方式有些陌生了。学习某些新东西带来的压力，在我了解到这一点后，顿时消失大半。我更容易专注于以新的方式做事的过程，但不会去预期这样做事的结果，因为我根本不知道学做新的事情要花多长时间。我会轻松去做，反复练习，专注于过程，而且知道自己在学习。没错，我会努力去学，但并没有挣扎和痛苦的感觉。我在磨砺打高尔夫球技能和学习弹奏新的乐曲时，广泛地运用这个过程，同时也在更多与个性相关的改变中运用该过程。

我意识到，当感到行为中有些因素在阻止我前进，或者让我得到了不期望的结果时，我便已经意识到了这一点，完成了第一步——意识。随后，我会客观地决定自己最终想要到达哪里，以及哪些行为会让我到达那里。接下来，我会不带任何情绪地做完那些动作，因为我知道，在较短的时间内有意地多次重复某种行为，会使它变成我追求的行为。我不必太着急。我会继续下去，并且知道我应当"现在"就在这里，将会变成我想成为的那个人，实现需要实现的目标。

这个过程非常管用，你越是体会到它的作用，便对你塑造自己各方面的能力与性格以及造就你想要的人生越有信心。

但是，如果你想用一种期望的习惯来替代一种没有价值的习惯，比如，用一种与你决定自己想要成为的那个人更一致的习惯，来替代看太多电视或者对同事的尖锐评价以负面的方式回应等习惯，结果会怎样？怎样来阻止旧习惯依然想要发挥作用的势头？为帮助我们做到这一点，我们使用一种被称为"扣动扳机"的方法。出于我们在这里阐述的目的，所谓的扳机，指的是一种帮助我们启动新习惯养成过程的"设备"。它类似于叫醒闹钟、一声哨响，或者一声钟鸣，当你恰好处在想用已经选定的新习惯来替代过去的习惯的局面中时，向你发出警示信号。扳机的功能是阻止你在某种局面下产生情绪响应，并且将你带入到当前这一刻，带入一种客观的姿态，以便你能控制好自己的行动。扳机让你感到震惊而产生意识，并且提醒你，是时候来进入你选定的过程了。扳机好比是对你自己发出的一个非常简单的信号。

用体育运动中的一个例子来阐述扳机的作用，可以这样来想：我和许多水平不高的高尔夫球员一起打过球，他们大多每周都参加联赛。在我们辨别扳机之前，首先创造一个所谓的"击球前例行动作"。这种动作的主要目的是：通过让球员与当时局面下的情绪隔离开，提高他们击球的稳定性。在击球的那一刻，有些球员会对自己喃喃自语，或者在内心想着："我要击出一杆漂亮的球，否则便会输掉比赛。"或者，"我不敢相信我会在最后一杆推球进洞时，居然推不进。我希望自己不要错过下一次这样的机会。"击球前例行动作将一种倍感压力的局面转变成一种舒服的、客观的局面，在后面这种局面中，球员会对自己说："这就是我需要做的，因此，我来了。"就是那样，没什么大不了的。

在击球前例行动作中，高尔夫球员首先要收集一些数据，知道他们想要达到什么目标。这是富含学术意味的，不要去想球的事情，理想的情况下，还不要带有情绪。高尔夫球员探讨他们想实现什么样的目的，以及可以怎样实现。如果你曾在电视上看过职业高尔夫球赛，你会发现，这样的探讨发生在球员与他们的球童之间，但低水平的比赛通常没有球童，所以，这种探讨变成了每一位球员的自言自语。让我们把这种情形运用到此前提过的职场情形中去。你对自己说:"我的这位同事,每次对我的评价都让我恼火,我往往以一种负面的方式来回应,这对我没有好处。因此,下次再出现这种情形时,我得采取不同的行为。"

这种新的行为,就是你希望成为你的习惯的行为。在这里,我们必须承认,充满情绪的场合最难培养这种新的回应习惯,这是因为我们想要改变的旧习惯,源自我们当前体验到的情绪。不论我们做什么,这些情绪依然存在,因此,如果可能的话,我们需要在情绪产生之前就采取行动,以便可以有意识地选择接下来做什么。高尔夫球员实际上自己一遍又一遍地反复练习击球前例行动作,直到那些动作对他们来说十分自然和舒服,以至于当他们处在压力极大的情形中时,高尔夫球场似乎成了一个心理上静修的地方。

你也可以为我们描述过的职场情形,以同样的方式来构想一种"击球前例行动作"。在安全的、不带情绪的非主观思维框架的状态下,你决定了想要采取的一种反应。在那种状态下,你是完全客观的,不带任何心理或情绪的混乱做出选择和决定。

对高尔夫球员，练习下面的这种响应是个好主意：想象你的同事没有任何原因便对你大吼，或者是对你说了一些完全不恰当的话。现在，在脑海中把他想象为一个对你没有影响的人。采用一种几乎是隔岸观火的看法来观察他，那样的话，你便能平静地决定怎样响应。

不过，如我所说，我们还是需要扳机。它将使我们启动经过精心设计和反复练习的"例行动作"。高尔夫球员便是这种情况。他们可以收集数据并做出决策，但迟早是要踏上球场。他们依然必须去真正地击球。这便是扣动扳机的时刻。它是一个简单的动作，提醒着高尔夫球员去开始例行动作。可以说，它让高尔夫球员在内心这样说："让我们现在开始吧。"如果仔细地观察扳机，你会发现高尔夫球员经常做一些微妙的动作，比如，拉一拉衣服的双肩、捏一捏自己的耳垂，或者在手中转动着高尔夫球杆。这些全都是扣动扳机的例子。对高尔夫球员而言，这些动作相当于他们在对自己说："我的例行动作现在开始了。"

让我们回到职场的例子中，并且找一个扳机，像我说过的那样，让你比自己的情绪更先采取行动，以便可以根据已经决定的方式来响应别人，并借此机会开始以新的习惯反应来应对讨论中的同事。对于一些尖刻的人，不难找到扳机：只要那个人一出现在你面前，扳机就扣动了。一旦他开始对你做出不愉快的评价，试着使用你心头首先涌现的情绪作为扳机，也就是说，你被冒犯或者生气的感觉。知道你什么时候以类似这样的努力将思绪停留在当前这一刻，并且知道你对自己如何响应，早就有了预先确定的意图，那么，那种意图会以惊人的速度来拯救你，让你能够稍稍地对自己进行一些个人的控制，以便能在自己的响应之前，率先冒出那种意图。然后，你的新反应会自我延续下去。你采用了你想要的反应；接下来，对自己的响应，你内心的反应感觉很好，因为你保护了自己内心的平和，而且体会到了那种努力带来的回报。如此一来，新的习惯便开始培养。到最后，整个过程开始融入背景之中，它变成了你是怎样的人以及你如何处理某种局面的一个自然而然的部分。

如果你试图用读一本好书或者散一会儿步来替代看电视太多的习惯，那么，拿起电视遥控器的那个动作就是一个好的扳机，它可以阻止看电视的过程，并且将你转入到一种新的例行思考中:"哎呀,我的冲动又来了,又想把时间浪费在观看那些真的无助于我改善心情的事情上了。"

知道自己所有的动作(无论是身体的还是心理的)都是一些习惯,并且知道你有能力去选择将养成哪些习惯,这对你来说,是非常自由的。你完全掌握着自己,使自己处于受控的状态。还要记住,如果你开始体现一种情绪,比如说挫败感,那么,你便脱离了过程。你又回到了一种错误的感觉之中,在想着"我现在所有的处境十分糟糕,一定有另外一种不同的处境。只有那样,我才会幸福。"这是完全不真实的,而且会适得其反。相反,你当前的处境,就是你现在应当的处境。你就是那朵鲜花。

你需要的所有耐心，都已经处在你的内心了。

第5章

感知变化,创造耐心!

我的母亲多年前因患癌症而去世,她曾告诉我,她对自己的一番评价,既涉及对折磨她的疾病的一番感悟,也包含对她的状况的感悟。我觉得值得在这里转述这些感悟。

在与病魔搏斗期间,她读了一些能带来安慰的书籍,又让她更加清楚地意识到自己的灵性本质。这种每天都要进行的例行动作,使她在那段无疑格外艰难的时间里感到些许的抚慰。她努力地做好这些例行动作,但有些时候，出于各种原因，她的心思没有放在阅读上，也没有静静地思考所读内容。她跟我讲过，有一天，在继续努力地看书时，她的思考过程得到了升华，进一步演变了。她对自己以及人生的感觉不同了，乐于更清楚地观察自己当前的处境。但她也注意到，当她的思绪从阅读中漂移出去，陷入了"我没有时间"或者"我今天不喜欢读书"之类的思维框架时，觉得自己又溜回到以前的态度和视角之中，她不但觉得以前的态度和视角没有价值，而且不幸的是，这类思维框架在当今世界非常流行。说起她的阅读，她说："你需要继续回顾这些理念，以便可以紧紧抓住它们的明晰性和视角。否则，人生便会偷偷地溜走。"在某种意义上，不断地回顾新的理念，培育了一种感知和处理生活的新的习惯，这种习惯为我们带来了每天都渴望获得的明晰感觉。

在写本书的时候，我从母亲的话里读懂了些什么。本书并没有太多的理念，只有寥寥几个，而且对我们来说，它们一直有待我们发现。但在日常生活中，这些理念太容易弃我们而去。我们需要从不同的角度一次又一次地学习它们，以便它们变成我们生活中的一个自然而然的部分。眼下，我们便在练习着学习它们。

有时候，由于日程安排的关系，我不能从头到尾读完一本书。相反，我可能今天读两章，三天之后再读另外一章。我注意到，当这种情况发生时，我通常记不住作者在书中的前面内容中提出的一些观点了，而我几天前刚刚读到时，觉得这些观点弥足珍贵。我希望我的书能够成为你们买到之后迫不及待地打开，然后开始阅读的那种书。我希望读者们能够不用太费力、无须翻来翻去，便能记住书中的一些观点。我想让你们意识到，我们是在回顾少数几个相同的解决方案，我们觉得这些解决方案恰好是解决自身面临的所有问题的"灵丹妙药"。然后，我们开始理解，人生并不像我们想象的那么复杂。是否要改变人生体验，完全在我们自己的掌控之中，但我们必须一再回顾和练习本书里提到的几个理念，以便人生不至于从身边偷偷溜走，而是成为我们的个性特点以及生活方式中的一个自然的部分。那正是我在这本书中自始至终不断重复几个理念的原因。我还希望使这些概念的相互关系以及我们都乐于拥有的美德的相互关系全都显示出来。

耐心就是我们乐于拥有的那些美德的一个好例子。在每个人最想拥有的品德的列表上，大多数人可能把耐心排在第一位。

根据词典上的定义，耐心是一种"安静的毅力"。我也赞同那个定义，但耐心还包含一种平和的品德，它标志着耐心的外在表现。我会一般性地谈讨耐心，无论我们是遇上了堵车、和某个心情不好的人交谈，还是在致力于理解和做到本书中的一些理念时表现出来的耐心。然而，为什么我们难以做到有耐心呢？

从不耐烦的角度来看，我们可能更容易解决上述问题，因为我们全都对不耐烦的感觉更加熟悉。我们注意到，由于体验着负性的情绪，我们会不耐烦。当我们对某件事情有耐心时，生活看起来就是美好的。在耐心的状态下，我们一定不会与焦虑联系起来。但当你发现自己对某件事情不耐烦时，你的体验肯定迥然不同。

体验到不耐烦，是你的思绪没有放到当前这一刻、没有放到你正在做的事情之上、没有保持以过程为导向的最早的迹象之一。我们总是从"现在"退出，让思绪带领着自己四处"飘荡"。

我多次通过倾听自己的内心独白来观察自己的想法。它从一种完全不相干的讨论跳到另一种。它提醒我付账，作曲，解题，想着某个人昨天激怒我的时候，我本应当如何机智地反击，等等。所有这些，都在我大清早冲凉的时候进行。在那一刻，我的思绪任意飘散，但就是没有聚集于我当时正在做的事情——洗澡。我的思绪在预期着那些并没有发生的场景，并且试图回答一些别人根本没有提出的问题。对这种现象，我们有一个名称来描述：担心。如果你迫使思绪停留在当前这一刻，并且停留在自己正在做事情的过程，我保证，你的许多问题都将烟消云散。

这里有一种说法：我们大多数担心的事情从来没有发生过。想一种你以前遇到过的、只会分散自己精力的场面。你说："但我明天会和某个人进行一次艰难的面谈，我希望在陷入那个局面之前，先让自己思考一番。"很好，接下来花半个小时坐在椅子上，什么事情也不做，只在脑中想着明天见面的情景，并且让思绪完全集中在那上面，只想着那一件事。在完全超脱的那一刻，在自己平和的心境之中，不带任何情绪的时候，想一想你将说些什么，并且预期那个人会做出怎样不同的响应。确定你的响应，看一看它们让你产生了什么感觉。这些响应会不会有不同的效果？现在，你没有做其他的任何事情，只在做自己正在做的事情。你就在当前这一刻，就在当下这个过程之中。

你没有分散自己的精力，而是试图把你在吃中饭或者开车上班时头脑中的所有想法表现出来。这种持续不断的内心独白和聊天，会随一种紧迫感和不耐烦的感觉而来，因为你想处理一些尚未发生的事情。你想现在就做完。

通向耐心的第一步是意识到你的内心独白什么时候开始疯狂奔走，并且拖着你一路狂奔。如果这种情形正在发生，你没有意识到（大多数时候你可能都没有意识到），那么你便没有掌控自己。你的想象带着你从一个局面跳跃到另一个局面，同时，当你在对脑海中闪现的每个问题做出反应时，你的内心会一再冒出不同的情绪。为了让你从这种无穷无尽的、感到精疲力竭的循环中解脱出来，你必须退一步思考，关注真正的你，也就是当这一幕正在上演时，在一旁静静地观看的"观察者"。你在练习着将思绪停留在当前这一刻时，会更加清醒地知道真正的你和你的自我内心独白之间的差别，即使你没有努力去观察，也会心知肚明。它会自动地发生。将思绪留在当前以及留在你做事情的过程之中，是促使你改变视角来培养耐心的第一步。

培养耐心的第二步是理解和接受这样一个现实：不论什么事

情，都不会尽善尽美。真正的完美，一方面总在不停演变，另一方面也总在你的内心出现，正如之前列举过的绽放的鲜花那样。你认为是完美的事物，总是与你在自己人生中的任何一个领域处在什么位置相关联。可以想一想某位航海者试图抵达远处的地平线。那是不可能抵达的地方。如果航海者将地平线视为必须达到的目的地，只有到达那里才能找到幸福，那么，他注定会体验到无穷无尽的挫折。他整天都在划船、导航、调整风帆，尽管如此，到傍晚时分，他也不可能比在黎明时分更接近地平线。他向前航行的唯一证据就是船的背后留下的尾迹。他只是在不停地鼓风扬帆，并且运用每时每刻都不停歇的努力来驾驭船只，所以看不到他的船真正已经驶过的漫长里程。

关注一下你觉得创造完美生活需要做的一些事情，并且在脑海中思考一遍。也许你想要更多的钱。也许你觉得那将让你快乐。那正是人类长期陷入的最大谎言。对每个人来讲，他究竟要富有到什么地步，才算有了足够多的钱呢？世界上最富有的人们也只想变得更富有，而且担心失去他们现在所拥有的一切。在这种思维方式之中，绝对没有平和。"某件事情发生，我将会幸福"的这种感觉，除了给你带来不满足，再不能带给你其他。

生活的特点是无穷无尽，延绵不绝。我们总是可以体验更多。在内心深处，我们知道这一点，并且为之感到高兴。问题是，每天的生活从我们身上"偷走"了这种感觉。我们每天的体验使我们偏离了这个视角，广告不停地"轰炸"我们，它们全都在承诺，购买了某些产品，我们便能产生成就感："得到这件产品，做那件事情，你的生活将趋于完美。"但实际情况并非如此。我们需要放下这种认为幸福就在某个地方的徒劳想法，欢迎人生好比珍宝那样在无尽累积的想法，而不是把人生当成我们没有耐心去战胜的一些痛苦。

涉足艺术的人们开始通过直接的体验来理解这种无穷无尽的特性，那也是所有艺术的一部分。正因为如此，我相信人们对某种艺术的个人追求，对他的幸福感十分重要。如果你投入注意力的话，艺术将直接地让你领会到人生的真谛。

对于成年人来说，从零开始从事某种艺术，并不是一件艰难的任务，但你要用正确的视角来对待它。无论是学习演奏某种乐器、绘画、射箭，还是学习舞蹈，你必须首先找一位能达到你的要求的老师。对我们大多数人来说，这已经算是一项例行的任务。我们时刻都在为自己的孩子们做这些。但是，让我们的热情在半途中被浇熄的情况，在于我们缺乏准备：一方面，因为我们从事着一项有着无穷无尽发展潜力的艺术；另一方面，因为我们需要准备好放弃那种迅速"擅长"某种艺术的目标。在追求艺术的过程中，除了去追求，再没有可以达到的目标。

要这样来改变视角并不容易。因为它与我们每个人每天所做的所有事情都格格不入。比如，在工作中，你要写出这份报告；那次会议将在下午 2 点召开，诸如此类。每项任务都有一个起点、一个终点以及完成的时候。我们追求某种艺术形式，以摆脱这种持续任务的心态，并且沉湎于完全的放松之中，那种放松源于我们理解了自己所做的事情没有终点。不论我们在追求的过程中处在什么位置，它就是我们应当所处的位置。

在我十八九岁时，两个事件的发生改变了我对艺术与人生的看法，因此，也让我在内心培养了更多的耐心。

第一个事件发生在我开始学习爵士乐即兴创作之后不久，当时，我在向也许是这一领域中最优秀的爵士钢琴师学习。他的名字叫多恩。有一次，我上完一堂课后，开始整理自己的音乐作品，此时，多恩开始在钢琴上弹奏。我此前从来没有遇到一位像他那么优秀的钢琴师。他通过多年扎实的训练，练就了自己的本领，有时候甚至一天在钢琴上弹奏七八个小时。多恩在弹琴时告诉我，他觉得，如果自己一开始不这么刻苦练习的话，他永远无法真正地弹好钢琴。我对他这句不经意间说出的话感到震惊。我感叹道，如果我能像他一样弹得这么好，我会非常满足，成天只听自己弹琴，别的什么都不做。

他看着我，笑了笑，说道："你知道，汤姆，当年我第一次听到我的老师弹钢琴时，也是这么对他说的。"多恩曾向一位世界知名的古典乐和爵士乐钢琴家学习。我听过他的老师演奏的作品，水准极高。尽管如此，我突然意识到，如果某个人的钢琴水平可以达到多恩那么高，却依然不觉得自己成功了，那么，我将不得不重新思考自己学习钢琴的动机，以及我为了变得有所成就而需要达到的某种"完美"的水平。

第二件事情是由第一件事情引发的，并且始于我19岁时。那时，我跟多恩学了一年多。我在尝试着弹奏一首乐曲中的某个特定乐段，但没什么好运气。我感到失败，并且由于没能达到自己的标准而觉得有一丝愧疚。在我看来,我的进步不够快。我决定把我在音乐上需要取得的成就写下来,以达到自己确定的优秀音乐技巧的标准。我列出了一个清单,清单上的内容包括能够流畅地弹奏某些难以弹好的音符、在许多观众面前演奏,诸如此类。

几年以后,我遇到了另一个艰难的场合,这次是在某天深夜,在大学的一间小型练习室里。我记得我在心里对自己说,不论我多么勤奋,我从来没有取得多大的进步。倍感压抑之下,我决定那天晚上逃课。我在整理乐谱时,一张折皱了的小纸条从我的乐谱本中掉落下来。那是我在19岁那年制订的五年音乐学习计划。我当时22岁,完全把这件事忘掉了。我坐下来,开始阅读19岁那年列举的清单。正是这次阅读,让我感到十分惊讶,并且留下了持久的印象。

我发现,在不到三年(不是五年)的时间里,我已经做到了清单上的所有内容。事实上,我在音乐上的造诣已经超出了我19岁那年的想象,但我依然没有感到有任何的不同。我并没有对自己的音乐技巧觉得更加高兴,或者也不觉得自己已经是一位更优秀的音乐演奏家。我的视角早已远离了我自己。我对优秀音乐家的概念，和19岁那年的参照标准已然不同了。于是，过了几分钟之后，我的认识完全变了。我开始清醒地意识到，音乐上的卓越并没有一个固定的水平线，这让我能感到自己不需要再去追求卓越了。我懂得了，并不存在一定的水平，让我达到之后会感到自己终于达到了，进而让我觉得已经达到了自己的目标，不需要再去提高了。这是一种顿悟。起初，我感到难以抗拒的压抑和恐慌，但随后马上感到一阵欣喜和轻松。我知道我正在体验的一种认识，所有真正的艺术家们一定曾经体会过。这是在一种永无止境的学习中继续培养必要的恒心与毅力的唯一方式。

知道了自己永远都不缺少成长与进步的空间，让我有一种如释重负的感觉。同时，知道了竞争已经结束，让我的内心产生了平和感。我如今所达到的水平，就是我应该达到的水平，是我勤学苦练得来的。这就好比我第一次看到了自己驾驶的船只留下的尾迹，意识到我在朝前方阔步前进，并且，实际上还以非常快的速度前进。但对我来讲，那一刻揭示的最为重要的事实是：我真正的愉悦，是在我能每时每刻都学习和体会我的成长时发现的。我的目标是：发现我能够总是在内心创作音乐的那种能力的过程，而我在练习的过程中，时时刻刻都在实现那一目标。在这个过程中，并没有什么错误可犯，它只是一个发现什么方法奏效、什么方法不奏效的过程。我不再苦苦挣扎地朝着想象中的音乐高峰去攀登了，觉得似乎只有达到那样的高峰，我的人生才是完整的。我意识到音乐的这种永无止境的特性，因而感到如释重负，而不是受到威胁或感到失败。

那一刻，标志着我开始转变意识，转变对人生中需要在长时间内付出努力的那些事情的认识。在感知上的微妙转变，让我对自己产生了无限的耐心。我开始对自己的进步有耐心了。我不仅不再关注自身的进步，而且不再寻求总体上的进步。进步是对做任何事情的过程保持专注的一种自然而然的结果。当你坚定不移、专注于当前这一刻时，你将毫不费力地找到自己的目标。然而，当你持续不断地聚焦于正瞄准的目标时，你便把它推开了，而不是拉拢了。你在盯着目标并且将自己当前所处的位置与目标进行对比的每个时刻，就是在向自己确认还没有实现目标。在现实中，你只是偶尔会向自己确认那个目标，将它作为你在正确方向上航行的船舵。

这就好比你要游过一个湖，朝对岸的一棵大树游去。你专注地把头扎进水里，用力划水。你每次把头浮出水面时，大吸一口新鲜空气，然后轻松地呼气，顺便瞟一眼远处湖边那棵树的位置。在游的过程中，你经常这样做，以便保持方向感。你完全超脱地做这些事，或者，至少是集中所有的精力和注意力来做这些。你对自己说，"哦，我得稍稍朝左边游去；那更准一些。"然而，如果你整个时间一直把头都浮出水面，看着那棵大树，并且测量你在每次划水和蹬腿之后离那棵大树又近了多少，那么，你会浪费自己大量的精力和体力。你将变得挫败、疲惫和不耐烦。你将对自己的进步变得情绪化和妄下结论，并且失去毅力。你浪费的所有精力和体力，原本可以投入到游泳中去，让你更快地到达彼岸，但你却通过不正确的努力，将它们浪费掉了，反而还让自己产生了负性情绪。你在和自己搏斗，却无助于完成游到对岸去的任务。即使你最终还是能够游到那棵大树底下，也会花更长的时间。

由于我们文化中的这种整体认识，我们真正错失了良机。我们不但选择了一条通向极端的相反的道路，而且过于迷恋实现我们的目标，以至于完全没有抓住要领。这里仅列举两个例子来进一步例证这个观点。

在20世纪70年代早期，走进美国任何一家拥有乐器店的大型商场，你都能看到销售人员在展示我称为的"自我弹奏的风琴"。这些乐器旨在吸引那些想学习弹奏风琴，又希望能马上学会的人们。这些人不想花好几年时间来练习。风琴制造商从人们的这种心理中看到了商机，设计了一种充分利用那种性格的键盘来赚钱。

假如你从来没有看到过这种廉价的键盘，我可以向你稍作介绍：通常情况下，你按下左边的一个琴键和右边的一个琴键，风琴会自动弹出一整首你选择的特定歌曲。这些风琴中安装了当代所有的流行歌曲，还有一些经典老歌。它告诉你，为了要弹奏你最喜欢的歌曲，你的每根手指该放在哪个琴键上。简单地讲，键盘知道怎样根据你按下的琴键来播放伴奏。你用右手弹出了一个音符，它便产生了一些和声，使得那首曲子听起来像是你已经长时间苦练过的那样。由于你只需要两根手指来弹，所以，只需一双筷子，你便能"弹出"整首曲子。

这些风琴热销吗？毫无疑问。人们喜欢给他们起初不认识的朋友留下印象，让对方觉得他们突然之间能够弹出多么美妙的乐曲。展示这种风琴的销售人员也能真正地弹奏，不过通常情况下人们不提这件事，即使销售人员还能在这里和那里增加几个额外的音符，大家也不会跟别人说，原来销售人员也能弹好这种风琴。即使顾客注意到了，对销售员也能弹奏的事实同样视而不见。顾客们把风琴拿回家，在这里按下一个琴键，在那里按下另一个琴键，风琴便会自己"弹奏"一首完整的曲子，水平与一位中等水平的学生不相上下。在整个过程中，他们会声称："我真的可以弹奏了。"碰到这种情况，我常对自己说："哦，不，你还没有学会。你真的并不是在弹奏风琴。那是风琴自己在弹奏，而且真正的弹奏比你想象中的有趣得多。"

这里的观点是明显的，但我们许多人都没有理解。欺骗的自律不会奏效。买下这些风琴的人们希望体验弹奏的感觉，却没有理解，按下琴键与弹奏乐曲并不是同一回事。他们不知道，无论他们按下过多少个琴键，依然不知道弹奏乐曲是什么感觉。在任何一种乐器上用心地演奏一段旋律，如同美妙的旋律与你已经融为一体，是一种必须经过苦练才能得来的体验。除非你个人努力，否则，这个宇宙不会为你在出生的时候就提供任何一种类似那样的才能。当你在学习音乐演奏的过程中致力于取得进步时，要花时间单独练习，并且把精力投入到音乐或者你追求的其他任何艺术形式上去。这是一种非常值得尊敬的关系。你需要用音乐来表达自己的心迹，而音乐也需要你去表达它。你在音乐上耗费了时间和心力，它便会以 1000 倍的成绩来回报你的努力。你用音乐来表达心声时，可以产生大量的愉悦感觉，这种感觉源于你知道自己付出了多少个人的努力，源于让你达到当前这种表演水平的持久的毅力。

假设我们全都在某种程度上知道这一普遍法则，这便是公平的。无论你是在坚持节食、经常锻炼、跑马拉松，还是实现你的其他个人目标，如果几乎不费力气或者完全不费力气便完成了任务，那算不了什么。这便是那些风琴在市场中烟消云散的真正原因。我经常看到这些风琴在人们的客厅里成了摆设，却一次没看到过人们弹奏。那是因为，弹奏这种风琴的体验，是肤浅而令人厌倦的。关于这一点，令人悲伤的是，花钱买下这种风琴的人们实际上可能开始了解到，学习某种乐器并不像他们一度认为的那么神奇。

第二个例子是我们全都知道的：信用卡。尽管信用卡在现代社会中带来了方便，而且有时候也是必备的，但这种即时满足的形式，也许应当称为*微不足道的满足*。信用卡使你能够不经过任何努力便获得最终的结果。你不必辛勤工作或者等着筹集必需的资金，便可以轻松购买你想要的任何东西。它们甚至让你可以不经过等待而过上奢华生活，只要你承诺，当月末的账单摆在你面前时，你能支付它们就行。当然，有的人会及时还清信用卡债务，但大多数人不会。这便是你发现越来越多的人陷入信用卡债务的原因，这些债务完全是他们自己造成的。

和那些自我弹奏的风琴一样，信用卡让你产生了一种感觉，让你觉得不必等待很长时间，便能获得某样东西。"我现在想拥有它，而我终将拥有它。"把这张小小的塑料卡片交给商家，和带大量的现金相比，既容易得多，又方便得多。你甚至可能不清楚自己是否在宽限期内还清了债务。如果超出了这个期限，你购买东西实际所花的价格，可能比它标签上的价格高出18%。当账单到来的时候，你获得那件心仪物品的兴奋感早已烟消云散。为什么？因为你是没有费力气得到它的。

让我们回到一个不会消散的理论，这样，我们有可能接受它，并且用它来丰富我们的人生，而不是给生活带来许多麻烦，这个理论便是：获得任何东西所带来的真正的兴奋感，不论这样东西是一件物品还是一个个人目标，其实是你对获得它的那一刻的预测。真正的愉悦取决于你产生和保持的毅力与耐心。它们正是你在长时间内为争取拥有这样东西而努力工作时所需要的。和向湖对岸的大树游过去一样，我们专注于自己努力朝那个目标奋进的每个时刻，便承认那件物品只在偶尔让我们继续关注，并且为我们指明方向。当真正获得它的那一刻终于到来时，我们产生了巨大的能量。我们赢得了获取那件物品的特权，而获取的行为是我们整个过程的高潮，也就是我们谨守戒律、奋力争取、克制欲望和保持耐心之后出现的结果。到最后，我们终于把它攥在手里了。这种回报带给我们的感觉，比起只是打个电话或者掏出信用卡而获取它的感觉，丰富得多，也重要得多。

太多的人没有搞懂这一点。他们把为努力争取某件东西的过程看成一种烦人的努力，是他们为了得到自己想要的东西而必须经历的烦恼。他们把那件东西当成目标，而不是把争取获得那件东西的过程当成目标。与从奋力到达那里并实现目标的这种过程中产生的愉快相比，仅仅获得那样东西只是一种非常小的内心愉悦的投资回报。这里的关键词是**实现**。**得到**目标与**实现**目标，是完全不同的两个概念。很多人终其一生都在做一种无穷无尽的单调工作：他们得到这样东西，然后又得到那样东西，但根本没有体验到持久的愉悦或者个人的成长。

为了改变你的视角，首先，你必须认识这条真理；其次，你必须对自己处在朝着某个特定目标奋斗的历程中的那些时刻非常清醒。当你决定获取某样东西，而获取那样东西需要一个漫长的过程时，你要选定目标，然后清楚地知道自己即将进入实现那个目标的过程之中。如果不停地将最终结果作为关注的焦点，你不可能做到时刻保持清醒。你已经确定了目标，现在要把它放在一旁，将精力投入到练习和过程之中，那样将使你一步一步地实现目标。

当你不再对自己渴望获得的物品产生依恋，并且使渴望变成一种对达到目标的过程保持专注的体验时，你在对自身所处局势保持耐心的每一刻，便都是在实现那种渴望。我们没有理由失去耐心。这里没有付出努力，没有"试图变得耐心"。耐心只是你改变视角后一种自然而然的副产物。视角的改变是非常微不足道和难以察觉的，但它同时又释放着强大的能量。没有哪项任务看起来大到难以去着手完成。随着你对自己变得更加耐心，你的信心也会随之增长。你总在实现自己的目标，想不犯错误或者一心想着达到某些时间限制，却给自己制造了压力。

让我们再次用音乐来当例子，假设你在尝试学习弹奏一首乐曲，这次，你从全新的角度来学习。你的经历将与人们通常在学习弹奏乐曲时预料的完全不同。过去，你十分确定在完全能够毫无瑕疵地弹奏那首曲子之前，你不会感到高兴或者觉得自己"成功"。每次弹出一个错误的音符，每一刻面对着这首曲子感到头疼，都让你确信，你还没有达到自己的目标。不过，如果你的目标是**学会**弹奏这首乐曲，那么，这种痛苦挣扎的感觉就消失了。你在努力学习弹奏的每时每刻，都是在实现目标。弹错了音符，只是学习正确弹奏方法中的一个部分，而不是对你的弹奏能力的判断。你花在这种乐器上的每一分钟，都在学习新的信息，并且获得可以运用到其他乐器学习上去的能量。所有这些的发生，不会让你产生挫败或者不耐烦的感觉。只要稍稍转变一下视角，你还能要求比这更多吗？

　　有没有哪些方法帮助你将这种心态融入日常生活中去呢？有。本书的其他章节将解释我从许多生活领域中学到的方法，它们有助于你改变视角和培养耐心。对我们的思维来讲，这些方法可能是一个挑战，但它们易于理解，而且我试着只用一两个关键词来定义它们中的大多数。我发现，使用这些关键词，你更容易回想起在受到挫折的情形中可以采用的那些方法。你会发现，不时地回顾这些方法，你将更好地应对在我们的文化中十分流行的那种持续的"注重结果而不是注重过程"的导向。让我们开始吧。

力求简化,将征服大多数复杂的任务。

第 6 章
chapter6

4 "S" 方法

所谓的 4 "S" 方法，是指四个以 "S" 开头的英文字母，它们是：简化（simplify）、细分（small）、缩短（short）和放慢（slow）。你将发现，这些概念相互之间存在着密切的关联，并且经常相互之间来回流动。在你提升自己对练习的心态的控制过程中，重要的是尽可能容易地将思绪停留在过程之中。而这四种方法的每一种都是基本的和直接简明的，可以帮助你将思绪停留在过程之中。

简化。当你致力于完成某个特定的项目或者从事某项特定的活动时，将它们细分为一些组成部分，来使之简化。不要设定太遥远以至于自己达不到的目标。不切实际的目标会导致挫败感和失利，如此一来，你将怀疑自己的能力。成功地达到每个简单的目标，将使你产生强大的动力，驱使自己不断前进，而且，你也不会在自己的能力达不到时感到精神疲惫。

细分。在清楚了自己的总体目标后，记得将它作为一个船舵或者遥远的灯塔，使你能保持处在正确的航线上。但要将总体目标细分成一些较小的部分，以便你能够用适当的专注度来实现它们。你会发现，专注于细分的目标，比起专注于总体任务更容易一些，而且能让你反复体验成功的滋味。

和其他方法一样，细分不仅仅适用于特别的努力，而且适用于普通的日常生活。面对一个健身计划的时候，可以采用细分的方法，同时，面对在周六下午打扫车库这样的任务，或者是促使你改变视角以培养更大耐心的任务，也可以采用细分的方法。大多数人可能认为打扫车库的任务是一项值得整体上一拖再拖的任务。但完成了这个任务时，请你回过头再来审视一下自己对这项任务的感觉。你会发现，你往往从整个任务的角度来观察在这项任务中必须付出的努力。看着面前的整个任务，你真的觉得它十分繁重。这种观点会让你带有许多主观判断和负面情绪。假如你发现自己在这样说，便可以完全预期自己秉持这种观点："我要做的事情太多了。是应当继续做这件事，还是应当放弃？我是不是还需要做那件事情？整个车库里一团糟，打扫起来要花很多时间，耗费很多精力，而且要在我忙完一星期的工作之后，又来做出许多我不喜欢的决定。我只想放松一下。"所有的这些内心独白与打扫车库没有任何关联，却让你感到精疲力竭。

将它细分为较小的部分时，你便大幅简化了工作任务，比如"我先从这个角落开始收拾，并且只擦一下窗户。就是这些。我不担心其他的地方。现在我只关注这个角落，把这个角落收拾出来便行了。"现在，摆在你面前的是一项较小的任务，它并不会让你产生要打扫整个车库的这种无可抗拒的心理。

缩短。现在，你可以把任务的时间缩短，比如，"我将在接下来的几天里，每天花 45 分钟的时间来打扫车库，直到把它彻底清理干净。"不论是做什么，只做 45 分钟，总是可以忍受的。在 45 分钟的时间里，你一定要只打扫车库的某个角落，那样的话，这一天下来，就能把这个角落清理出来。你掐着表来计算时间，45 分钟一到，便放下手中的活，离开车库，如此一来，你会有一种控制的感觉，并且对自己离清理车库的目标又近了一步而感到满意。这时的你，不会有挫败感。你已经将任务细分成较小的步骤，并且让自己只在较短的时间内保持专注，从而简化了任务。你在练习着完美地清理车库的艺术。

放慢。在你做事的过程中，将放慢融合进来，是一种悖论。我说的放慢，意思是要让自己内心平和，关注你正在做的事情。这种平和，将依你的个性特点以及要完成的任务的不同而各异。如果你在洗车，手里拿一块海绵慢慢地擦，慢到足够可以细致地观察自己的动作。但这种放慢，与你慢慢地学习一个新的电脑软件不同。如果你意识到了自己在做什么，可能会以合适的节奏做这件事。放慢的悖论在于，由于没有浪费自己的精力，你会发现，你反而能比平时更快、更轻松地完成任务。试一试，你会发现的。

这种刻意地放慢步调，另一个有趣的方面在于，它改变了你对时间流逝速度的感知。由于你的所有精力都投入到了你正在做的事情上，你便失去了对时间流逝的感觉。

将 4 "S" 付诸应用

有时候，我的钢琴调试业务对我个人技能的要求，远远超出了对我在一天中工作时长的要求。很多时候，我每周工作 7 天，有时一天工作 14～16 个小时。有一次，一项格外艰巨的任务摆在我面前，我决定有意识地放慢自己的工作节奏，将所有精力集中在自己做的事情上。以这种方式工作，听起来有点适得其反，但说实话，一直以来，在自己的人生"公式"中，我在事业这个"因子"上投入了太多时间，导致有些失衡了。我感到疲惫和失败。我连一天的休息时间都没有，因此，至少在一天之中把节奏放慢，对我似乎很有吸引力。

那天，我要为交响乐团的一位嘉宾独奏家准备一架大钢琴。我打算上午来调试独奏家的钢琴，同时顺带调试将在管弦乐队中使用的另一架钢琴。之后,我的服务工作延伸至两种状态,当天晚上,我不得不回到音乐大厅,与那位独奏家交流,再度检查那两架钢琴。这样的工作量,大约是合同中一整天日程安排的工作量的 2.5 倍。我使用日程安排这个词,是因为我有一个时间表,"上午 7:30 在这里,10:00 在那里,"诸如此类。

我开始在第一架钢琴上调音时,有意识地使自己放慢节奏。我十分缓慢地打开工具箱。这次,我不是随手抓起一些工具(一般认为这样能够节省时间),而是每次只拿一件工具出来。我把每件工具整齐地放好。架起钢琴准备调试时,我一件一件地做好所有的事情,有意地试图缓慢工作。

试着放慢工作的速度,产生了有趣的感觉。起初,你的内心独白在向你咆哮,催促你快点儿干活,加快节奏。好比它在对你尖叫:"我们从来没有这么慢过!你是在浪费时间!"这让你想起,你为了让所有人都满意,一天之中必须做完多少事情。你可能感到焦虑不安,这种情绪逐渐萌生,浮到表面上来了。这是因为,放慢工作节奏与当今世界的各种思维体系都是相悖的。不过,你的自我将迅速地对工作任务的简化让步,这种简化，是有目的地一次做一件事情，并且缓慢地做。此时，你的自我之中，没有空间来产生压力和进行内部讨论。你可以只在有意的条件下缓慢工作。有意识地这样做，要求你将思绪停留在当前这一刻的工作过程之中。

在调试好第一架钢琴之后，我甚至还细致入微地核实了一遍我收拾工具的过程，然后走到几米远的地方，慢慢地把工具再拿出来，一次只拿一样，开始调试第二架钢琴。通常情况下，我会尽量多地抓一些工具，然后急匆匆地跑到舞台上的管弦乐队的演奏场中，想办法节约时间。不过今天，我没有这样做。我决定继续执行自己的计划，就是要把工作速度放慢。我们花了太多的时间来急匆匆地做每一件事情。急匆匆，已经成为一种难以更改的习惯，以至于我发现有目的地放慢工作的节奏之后自己有多么投入到工作中去时，感到十分吃惊。

我取下手表，以防时不时低头看表，那会影响我的节奏。我对自己说："我是为了自己，以及为了我的身体和心理健康来做这些事。我有手机，如果需要的话，我可以打个电话给别人，不管是谁，然后告诉他，我今天要迟到了，我会尽自己最大的努力,力争不迟到。"

刚一接触第二架钢琴,我开始意识到自己的感觉有多么美妙。我一点儿也不紧张,对这一天要做的各种事情没有预期,双肩和脖颈上的肌肉都十分放松。就是这种轻松的、平和的以及"今天心情多好啊"的感觉。我甚至还可以把这种感觉描述为充满喜悦。当你有意地放慢工作节奏时,你在急匆匆的状态下能做的任何事情会变得令人惊讶地容易。不过,当我结束了第二架钢琴的调试时,才有了这种心灵启示。我十分缓慢地、一件接一件地放好工具,把注意力集中在每个细节上。当我走到一个街区以外的停车场,走上停在那里的卡车时,我继续努力地放慢步子。我走得非常缓慢,关注着迈出的每一步。这听起来有些狂热,但别担心,我是在做试验。我在体验这种不可思议的平和感觉,换成平时,同样这种情景,我通常感到身体的每块肌肉都绷得紧紧的。之所以要这样,因为我想看看,自己究竟可以把那种平和的感觉推多远。

我踏上卡车,转动钥匙,启动引擎,卡车上定时开关的收音机打开了,我顿时目瞪口呆。我发现,原来和我平时做同样的这些工作所耗费的时间相比，这次我尽管放慢了工作的节奏，但所花的时间反而少得多，以至于我怀疑是不是车上的时钟出了问题。请记住，我刚刚做的那些工作，我反复做过很多年。我每个星期都要把这些钢琴架起来五六次，因此，我对做这些事情要花多长时间，心里是有概念的。我从口袋里掏出手表，发现它的时间与定时开关的收音机上的时间一致，都表明我比平常节约了40%以上的时间。我尝试着尽可能放慢工作的节奏，而且十分确定比平时晚到了一个小时。然而，从最后的结果来看，我要么是工作更迅速了（这看起来似乎不可能，因为我在有意识地放慢），要么是时间走得更慢了（这是一个有意思的想法，但接受这种想法的人寥寥无几）。不论是哪一种情况，我都有足够的动机在那一天中接下来的时间里继续这个实验。结果，我比日常安排的时间提早了好几个小时完成任务，如此一来，我有了足够时间在一家不错的餐馆里用餐，而不是像平常那样，在卡车里吃一顿三明治，或者根本不吃饭。

每次我在工作中放慢节奏并且有意识地这样做，都能产生这样的效果。从晚餐后洗碗到我并不是特别喜欢的千篇一律的钢琴修复工作，我在做每件事的时候都使用这种方法。让我感到挫败的唯一一件事情是，当我缺乏毅力并且发现自己的注意力在不断漂移的时候，我一会儿想着全力全意地放慢节奏，一会儿又想着自己必须抓紧完成任务。

你可能发现，这四个要素是同一个过程的所有组成部分。每个要素都需要并创造了另一个要素。当你放慢工作速度时，事情变得简化了。如果你想简化某件事情，将它细分为较小的组成部分，并且慢慢地、逐个部分地解决它。由于所有这四个要素要努力形成和保持，如果你将时间也进行细分，将它们分成一个个较短的时间段，分配到工作任务细分之后的每个组成部分中去，那么你将取得更大的成功。你会发现，如果你这么做，关注自己付出的努力也容易得多。

例如，当我决定在格外漫长的一天中放慢工作速度时，我不会告诉自己要整天这样慢腾腾地干活，但我知道，那是我的目标。我会对自己说："我只是想看一看，我是不是可以慢慢地将工具箱放下来，打开它，然后一件一件地取出工具，以着手准备调试第一架钢琴。"完成了第一架钢琴的调试之后，我会说："让我看一看，我能不能缓慢地调试好钢琴的中间部分。"依此类推。我将整个调试的过程细分成一些较小的部分，要求自己在较短的时间内集中注意力，因而简化了整个过程。以这种方式工作，使我可以成功地完成整个任务，并且一点点地将整天保持这种专注当前这一刻的努力的目标带向这里来，尽管我还够不着这个目标。

　　我用一个练习来试着以这种心态开始一天的生活——缓慢地刷牙。这听起来并不是什么大不了的事情，但当你尝试着每次刷牙时都放慢自己的节奏，你会发现这很难做到。我们在太多的事情上都是自动去做的。我们没有意识到的是，仅仅由于这些活动太过自动，并且几乎不需要怎么思考，所以我们没有在这些活动中保持专注。放慢刷牙的速度，要求你提高注意力，并迫使自己专注于当前这一刻。这是一个非常实用的训练，可以教你怎样提高对当前这一刻的意识。之所以非常实用，有几个方面的原因。首先，它无须花太长时间，因此不会对你的要求过高，让你反而失去了对练习的兴趣，或者感觉到太难完成。其次，它是我们每天必须要做几次的事情，这有助于我们使这种放慢的心态形成一种习惯。最后，经历了压力重重、日程安排过满的一天之后，在睡前刷牙时放慢节奏，能让我们体验到放慢自己的步伐会是什么感觉，同时也体验到完全沉浸在某一项活动之中的感觉。

当你致力于运用这些方法时，它们起初看起来有些难。那仅仅是由于你在很久以前就已经形成了一种不以这种方式来工作的习惯，而且我们的文化并不鼓励这种方式。当你开始沿着这条道路走下去，并且开始将这种视角融入自己的思维方式中去时，你将放弃我们的文化一直在教你的一切。

记住，你可以将这些简单的规则运用到生活的方方面面，也可以运用到你从事的各种活动。随着你开始在这一领域逐渐提高，你内心的观察者将变得越来越明显。你将开始观察自己的日常生活是怎么过的，将越来越清醒地意识到自己什么时候生活在当前这一刻并专注于做事情的过程，什么时候却相反。但是，这并不意味着你任何时候都可以控制自己。那种有诱惑力的心态，源于你滑落到"完美"的心态之中，它在对你说："只有当我能够时刻做到这一点，才能实现自己的目标。"接受这样一些事实：这是一种终生的努力，在你做事的过程之初可能看起来并不明显，而且，这是你需要吸取的一部分教训。不停地想一想鲜花的例子吧。不论你当前处在成长与进步的哪个阶段，在每一个时刻，你都是完美的自己。

客观是通往宁静心灵之路!

第 7 章
chapter7

平静与 DOC 方法

平静的定义是镇定与平和。毫无疑问，它看起来是追求人生幸福的必需素质。平静是一种值得努力去追求的美德。我们怎样致力于平静？怎样将这种品质融入我们对人生的体验之中？怎样做到保持平静？

拥有这种美德的人们的标志是，他们坦然面对日常生活中每时每刻的起起落落。对这些人来说，各种各样的事情似乎不会让他们感到烦恼。为什么这样？因为平静来自客观。客观，平息了我们脑海中的内心独白。

我们对人生中的每件事情都有着自己的主观判断，而且，大多数的这种判断都是下意识做出的。每天早晨一醒来，我们便开始判断。我们甚至对自己睡眠中发生了什么也进行主观的判断，比如"我做了个不好的梦"或者"我睡得很好"。我们对一天之中将会发生的事情也进行判断。每件事情的经历，说出的每句话，都通过我们的观点以及过去的经历过滤之后，再进行评估和判断。那是必要的。我们正是这样来做出各种决定的，无论这些决定是极其重要，还是相对不重要。例如，"我早晨想吃这个品牌的燕麦。"这意味着，我看过了各种可选择的早餐食材后，对照这个早晨不想吃的所有食材做出了判断。也许明天我不再吃燕麦了，而是吃鸡蛋。

主观判断需要一个评估的过程和一个对比的过程。这要求有一个相对的点，即理想状况。如我在本书中前面的内容里提到的那样，主观判断几乎总是基于我们感知到的某种完美的观念。在我们的想象中，总是有一个想象的物品、一种想象的经验，或是一个想象的局面，使我们能够做出主观判断，甚至迫使我们做出判断。我们将当前的局面，要么与和当前局面有着同样特点的想象中的理想局面进行对比，要么与过去的有着同样特点的局面进行对比。当你没有意识到自己正在做出主观判断时，判断会变得自我延续，而且那种"理想"总是在不断演变。

如果你在看电影，你说"那场电影很好看"，那么，你要么是在拿它与你过去看过的好看的电影或者不好看的电影进行对比，要么是在拿它与某一部理想的电影进行对比。如果你将它与过去曾看过的一场电影进行比较，问你自己，是什么使得那部特定的电影好看或者不好看。你的回答便是主观判断。无论你判断当前正在看的电影是好看还是不好看，你观看它、评估它以及到最后判断它的经历，将被添加到你在潜意识中的"理想"电影的概念之中。这种"理想"是演变的，因为你的感知以及你认为要考虑的优先要素，在你的一生之中会不断演变。你在 30 岁时觉得看上去比较好看的电影，等到 70 岁的时候，也许不会觉得好看了，因为到那个时候，你不会采用同样的标准来判断一部电影了。

判断，对我们生活的运转是必要的，但也有一个不利的方面：它们并不会以一种超然的特性来执行。通常其中包含着某种情绪，而情绪的数量与我们对判断的重要性的感知程度是成比例的。"今天早晨的早餐,最好是吃 X 品牌的燕麦,但由于家里没有,因此我将用鸡蛋替代。"这并不是一种格外情绪化的判断,但你在某种程度上体验到了失落。"我理想中的工作是在家乡工作,但另一份工作的地点与我的家乡隔了五个州。因此,我会接受这份新的工作,并且将家搬到那里去,远离我们的朋友们。"这是一个不同的故事。这一判断中涉及的情绪深刻得多,因为你的决定对你和你家人的生活有着巨大影响。不过,你体验到的情绪,与对决定的执行没有关系。相反,这些情绪妨碍了你清晰地思考,并且让你在致力于决定最佳的选择时左右为难,挣扎不已。

我有一个私人飞行执照。当你还是一名学员,去考这个执照的时候,教练往往教你根据一些既定的程序来操纵飞机,而且不允许让情绪进入你的决定之中。在训练过程中,飞行教练将把油门关死(通常情况下,你没有料到是因为他将油门关死了)并且说:"动力没有了。你打算做什么?"你打算做的事情,就是教练教你的程序,也是你曾经反复练习、旨在使之成为你自然而然的习惯的那些程序。一位飞行教练曾告诉我,她希望我每次登上飞机,首先思考一下在"失去动力"的紧急情况下的应对程序。她还教我，每次下飞机之前，也要最后再思考一遍。她说，如果我做到了这些，万一在现实生活中果真出现了那种情况，就不会在心头产生任何的情绪、恐惧以及无关的内心对话。只要做出自己的决定，并且执行它们就行了。

这种练习是管用的。我们在许多商用飞机飞行员和私人飞机飞行员在进行英勇的紧急着陆时，都可以看到这些迹象。我曾听过一段录音，是一位飞行员与空中交通管制员之间进行的令人惊讶的对话。飞行员在飞行途中遇到了一团浓雾，急需的仪器却失效了。当时是夜间，他正在一些山峰之间飞行，空中交通管制员告诉他什么时候转向、保持多高的飞行高度，以及向什么方向飞行。飞行员向机窗外望去，什么也看不到，此时，一个错误的动作，就可能导致机毁人亡。尽管此刻飞行员的情绪可能在脑海中不断盘旋，好比发出尖叫声，渴望引起他的意识的关注，但对他来说，什么都不存在。他和他的副驾驶只管执行练习过的程序，完全平静地操纵着飞机。他们根本没对自己所处的危险局面做出主观判断，只是在空中交通管制员的协助下对这种局面做出反应。在那个紧急关头，主观地判断所处的局面，可能使他们产生一些心烦意乱的情绪，那也许意味着他们在此局面下丢掉性命。空中交通管制员也和飞行员及副驾驶员一样，完全专注于过程。他知道，飞行员以及乘客的性命全都掌握在他的手上，需要他完全不带任何情绪地指挥和引导飞行员。这是一段不可思议的对话，它向我们证明，当你抛开情绪和潜意识判断的影响操纵飞机时，便能做到最好。

与主观判断紧密相连的情绪，源于一种感觉："这是对的，那是错的"，以及"这是好的，那是坏的"。**对的和好的**，使我们高兴，而**错的和坏的**，让我们烦恼或者悲伤。我们全都想高兴，希望过着理想的生活，但是，对的和错的之间的差别既不是普遍的，也并非持久不变。400年前，伽利略由于发现了地球并不是太阳系的中心而被囚禁起来时，他被当时的人们认为是直接反对上帝的异教徒。然而，时至今日，我们知道，他是当时少数几个掌握了真理的人之一。事实证明，他的学说不但不是错误的和邪恶的，而且是正确的和优秀的。

如果我们去追踪观察一个3岁小孩的生活，定期地让他说出他对"理想"的定义，你会发现，在不同的年龄段，他的回答也不同。3岁时，他可能只想要一件特定的玩具；到了10岁，他可能想要一辆崭新的自行车，而且不想上学；到了 19 岁，他想要大学的奖学金，还想和某个人约会。快到 30 岁时，他的理想可能是一份高收入的工作、一个美满的家庭和一位漂亮的妻子。即将 50 岁时，他可能想换一位妻子，并且希望提早退休。到了 70 岁的年纪，他可能想再活 15 年，或者重新回到自己 10 岁时，再回学校读书，以便纠正一生中所有的错误，然后重新过一回理想的生活。

我们对**理想**和**完美**的概念总是不断变化的。我们自己认为的好的或坏的东西，不会一成不变。当然，涉及对与错时，我们并不是谈论永恒的真理，比如，夺取别人的性命是错误的和不好的。我们谈论的是，在人生中，我们时时刻刻都会下意识地做出评估与判断，它们使我们的情绪油然而生，并且给我们带来极大的焦虑与压力。

对这种毫无价值的习惯，我们可以做些什么？我们怎样逃离这个永续的循环？首先，必须准确地知道我们什么时候被卷入判断的过程。由于我们大多数人每时每刻都在判断，因此，不必等待太长时间，我们便会发现自己参与到了这种令人耗尽心力的行为之中。然后，我们有了一个特殊的机会：去找寻我们所有人内心的安静而客观的存在。

我们必须更加**客观**地了解我们自己。如果我们不将日常的思考过程分隔开来，便不可能优化那些过程中的任何一个部分。起初，这看起来是一个令人困惑的概念，但只要对认识做出最细微的调整，这个概念就会变得清晰起来。如果你知道自己正在做的任何事情，那意味着这其中涉及两个存在：一个是正在做某件事情的那个你，另一个是正在了解或者观察你做那件事情的那个你。如果你在对自己说话，你可能认为你就是在讲讲话。那看起来似乎足够合理，但是，谁在听你对自己讲的话呢？谁意识到了你正在观察这个内心独白的过程呢？谁又是知道你正在进行观察的这个第二方呢？

答案是你真正的自我。正在说话的那个存在，是你的自我或者个性。在静静地了解的那个存在，则是真正的你：观察者。你越是与静静的观察者更加密切地保持一致，你的主观判断便会越少，内心的独白便开始关闭，也对每天都会遇到的各种各样的外在刺激越来越超然度外。你开始真正地用一种不偏不倚的（有时候甚至是开心的）视角来观察你的内心独白。

有些时候，我的自我正痴迷于别人对我说过的一些事情，"它"认为那些事情是"令人恼火的"，尽管如此，我依然十分超脱，不受影响。我觉得我好像隐身在一个房间中，观看着某个人在抱怨说，某件事情对我完全不重要。这种感觉还会延伸到对个人压力的体验之中，比如工作的最后期限或者财务的压力。当我不能及时完成某项工作任务时，我好像目睹我的自我在四处游荡。当我与真正的自我（也就是观察者）高度一致时，我发现自己知道了自我正在体验的那种压力，但却完全不受它的影响。我在想，"我的自我只是在担心，如果我完成任务的时间比最初预期的要长，从而让客户失望的话，它便会体验到不满。"

当你与真正的自我高度一致时，不会受到其他人行为的影响。当你觉得有人正在以不恰当的方式对待你，那种感觉就是来自对自我的主观判断。从观察者的角度来看，你发现自己只是在观察那个正在大声叫嚷的自我，同时，你在安静地、不受影响地倾听。

当你决定将自己的练习的心态投入到任何一项活动中时，便在唤起这种与观察者的一致。自我是**主观**的。它判断自身的所有事情，而且它对自己处在何处、拥有些什么或者已经实现了些什么等，从来不会感到满足。观察者则是**客观**的，在当前的这一刻，它就在这里。它不会把任何事情判断为好或坏。它只是把各种局面或者行为看成"存在"。换句话讲，那个局面"就是那样"。因此，观察者总是体验到宁静与平静。

无论你是将接受一次求职面试、努力培养更大的耐心来对待某个难以相处的人或者某种棘手的局面，还是学习某种艺术形式，与观察者保持一致等同于成功和摆脱压力。这种一致，保证了客观的、不带期望的观点。它与以自我驱动的心态（这种心态认为某个人必须"做到最好"）和想法（这种想法认为"没有人关心下一秒谁会出现"以及"我想要全部"）相冲突。

是不是有什么人在孜孜不倦地设法尽可能迅速地抓住神秘的成功机会？但我们所有人在内心都知道，这样的机会并不存在。当一位朋友或者家人达不到他们认为的重要目标时，我们会安慰他们看开一点儿，但那种超然的智慧，我们自己却做不到。

与观察者达成一致，将这种超然的智慧带给我们自己，让我们变得客观公平，因而内心平和。

我们怎样与观察者达成一致？我们怎样让自己从自我的束缚中解脱出来？尽管做到这些的方法无疑有很多，但是，自发并且轻松地创造这种一致，冥想是最有效的方法。通过冥想，意识会随着时间的推移而自动出现。在练习冥想时，你越来越清醒地知道自己内心中那个安静的观察者。通过努力，你意识到，冥想是一个使心灵安静下来的过程，它通过深入到你内心，使你不再依恋外部世界。

冥想不是一种宗教。不过，事实上，它是各种主要宗教的一部分。此外，关于冥想，没什么可害怕的。事实上，如果选择追求冥想，你会发现，它将成为你日常生活中最期待的一部分，因为它给你的人生带来了平和的感觉和清晰的认识。

你可以在任何年龄阶段学习冥想，同时，不论你的身体条件如何，都可以学习冥想。我练习了 30 多年，刚开始的时候对冥想几乎一无所知。起初，我通过自己选择的阅读材料和训练班，或多或少地对冥想产生了一些感受。到后来，我在更加有序的环境中学习，同时也和一些经验更丰富的人们学习。冥想的好处无法用语言描述，它们必须是体验的。我建议每个人都试一试。如果你有兴趣开始一试，有许多的书籍和碟片供你借鉴。（参见我专为冥想而创建的网站：www.thepracticingmind.com）。

是不是进行冥想，重要的是有意识地致力于调整你与观察者之间的一致。出于这一目的，我使用一种有效的冥想附属方法，称为DOC，它是"做、观察和纠正"（do、observe、correct）这三个词的首字母缩写。这种方法可以应用到你试图运用练习的心态的各种活动之中，但是，由于在运用到体育锻炼之类的活动中时，DOC方法最易于掌握，所以，我们首先从体育锻炼讲起。

我曾看过一段对美国奥运射箭队教练的采访。他评价说，在带领美国射箭队的时候，他遇到的最大问题是队员们痴迷于得分，或者说，痴迷于他们每一次的结果。就好比他们在弯弓搭箭的时候，就只为了正中靶心，赢得高分。这与亚洲射箭队员们相反。亚洲的队员从小在不同的文化中长大，沉浸在正确运用射箭技巧的过程之中，逐渐发展为在射出每一箭时都放松身心。与正确地拉弓并射出箭矢的动作相比，是不是正中靶心几乎变得不重要了。亚洲队员几乎以超脱的冷漠来看待最终的结果。对他们来讲，期望的目标是正确地运用弯弓搭箭和射出箭矢的方法而获得的自然而然的结果。亚洲射箭队员对照截然不同的范例来从事这项运动，因此，美国射箭队员格外难以战胜他们。

从这个故事中，我想让你理解的是，亚洲射箭队员是在 DOC 的过程中来从事这项运动的。他们拉弓、放箭、观察结果，然后在下一次射箭的时候进行纠正。他们是在**做**、**观察**和**纠正**。在整个过程之中，没有任何情绪，没有主观判断。整个过程简单而没有压力。对这种技巧，你无从反对，因为亚洲射箭队多年来一直在这个项目上成绩优秀。不过，仔细观察美国大部分的体育赛事，你会发现，除非取得了胜利，否则，他们没有一个人在运动中有任何的乐趣。胜利，就是我们关注的焦点。运动员的思维在不断地做出判断，判断他们与竞争对手相比处在什么位置，而且，他们会体验到那种心理活动产生的各种情绪。亚洲射箭运动员的思绪是安静的、不复杂的，完全没有心理的混乱。讽刺的是，与以结果为导向的美国射箭运动员相比，亚洲运动员总是获胜的一方。现在，美国的体育心理学家在教运动员们采用与亚洲运动员相类似的方式来思考。

DOC方法可以在背景之中运用，而且，人们时不时非常自然地运用它。让一位篮球运动员从球场的任意位置来投10次篮。他瞄准篮筐投球（做）；然后观察没有投进的球（观察）；最后根据自己观察到的东西进行纠正（纠正）。DOC是在背景中出现的，无须努力。和篮球运动员一样，我们也希望DOC成为我们处理生活中各种事件的一个自然而然的部分。

例如，倘若你觉得自己往往过度担心，那么，你会努力将DOC方法运用到自己的行动之中。当你注意到自己为某件事情而担心时，你便实现了做的部分。现在，观察你想要的行为。在你对自己为那件事情担心的观察中，你将自己与担心的那一举动隔离开来。你意识到了，正在体验的情绪，对你担心的问题并没有影响。尽可能地让自己从那种情绪中解脱出来（这是纠正的部分），并试着像观察者那样来看问题。

当你发现自己重新陷入了担心时，再次启动那一循环。做、观察和纠正。就是那样。没有其他的东西，不带负性的情绪或者主观的判断。刚开始，这让人感到很累。记住，你是在打破一种自己在处理问题时形成的不期望的习惯。旧的习惯将你的大部分精力拖入到担心之中，只把极少部分的精力放在解决问题上。在短时间内，新的 DOC 的习惯将成为你处理问题的方式中的一个自然的部分。你在朝着靶心射箭："哎呀，上一箭没有射好，偏向左边了，就是这样。下一箭要稍稍射向右边。"这是某种游戏，你不能让情绪在游戏中扮演坏人。很快，你从专注于当前这一刻中体验到的愉悦，将使得正中靶心的结果也变得无关紧要。

不要将评估某件事情与判断某件事情搞混淆。评估先于判断。如果你首先没有评估某件事情，不可能判断它。你可以在评估或者观察之后，在思维转向判断之前，决定停止 DOC 过程。这就是你在 DOC 中正在做的事情。你的观察，就是你评估自己的过程。你有没有朝着自己的目标迈去？没有？那么，立即开始纠正，并且跳过判断，因为它对你的努力没有价值。

在运用这种方法时，你不受某种局面下的情绪影响的能力将得到增强。在更加抽象的局面下运用这种方法，往往更容易一些。比如，个人遇到了一些难以相处的人或者经历了一段难挨的时光。起初，你必须依靠自己的内心力量和决心，在足够长的时间内从这种局面中解脱出来，以便运用 DOC 的原则。然后，游戏开始了。我在开始的时候，通常记得第一部《星球大战》电影中的一句台词：帝国舰队开始朝卢克（Luke）、莉亚（Leia）和韩（Han）等三人开火。面对几乎不可能战胜的敌人，韩说道："有趣的事情从这里开始。"当某人在为难你，或者你发现自己面临一个个人的挑战时，类似这样的台词是中断你的情绪势头的好方法。

这确实是有趣的事情开始的地方，因为再没有什么事情比平息你那恐惧的或者受到侮辱的自我大声抱怨的声音更让人满足了。你在那些时刻意识到，自己真的超然于那种愤怒的或者害怕的声音之外，而且，你确实成了自己的主人。此时，这一过程变得更容易启动一些。和你练习的其他事情一样，你会变得更擅长把握这一过程。在练习时，你与自己内心的观察者更加高度一致，而且，是时候放慢在那些事情发生期间的步伐了。你看到它们在朝你走过来，而不是一路去找寻它们。你远离情绪反应的反思举动会变得越来越熟悉，到最后成为一种发自内心的习惯。

有一次,我和一位客户打算签订一个大型的钢琴修复项目的合同,结果在最后的时刻却未能签约。在此之前的几个月,我们探讨了这项工作,并且找出了一个与我们双方的日程安排不相冲突的时间间隙。在这项工作开始前的大约 8 个星期,我推掉其他的合约,留出几星期的时间来做这项工作,这是必需的。在我着手这个项目的前几天,客户通知我说,他改变了主意,不打算做了。那些并非从事个体经营的人们,通常对我当时面临的这种情形不太熟悉:当你没有工作时,便没在赚钱。尤其是在以计件形式计算酬劳的服务型企业中,更是如此。如果你那天安排了五笔业务,每笔业务应当让你赚到 50 美元,那么,假如这其中的两笔业务突然取消了,那你一天的收入就去掉了一半。尽管那位客户后来向我道了歉,并且重新安排了钢琴维修的日程,但在那几个星期之中,我每周的收入便没有了,而且一点儿办法也没有。这种情形是极端的,它还包括部分重新制作一架老式的大钢琴。那天是星期三,从下个星期的星期一算起,接下来的两个星期,我都没活可干。除此之外,我计划中的收入少了数千美元。那日子真难挨。我的自我马上高速运转起来，启动了焦虑的机器，并且抗议所有这些的不公平。有趣的事情便从这里开始。

我退后一步，所做的第一件事是与观察者保持一致。然后，我定义了针对这个特殊事例的 DOC 循环。由于我已经在一段时间内采用了 DOC 方法，于是，挂断电话后，我心里萌生了一种刻意的、超脱的想法。我料想，我的自我将开始一段愤怒和挫败的旅程；实际上，我以前就从自己的身上看到过这种情形。

我的循环是这样的：当心里开始感到焦虑时，我观察并评估它。我意识到，我的自我对那种情形产生的"不公平"的感觉，只是一种主观的判断，它源自对收入损失的恐惧。我还意识到，那种情况"就是这样一种情况"，不论是好是坏，其价值只是我可以选择接受或者忽视的一种解释。我选择忽略我的自我对这种情形产生的好或坏、公平或不公平等的感觉，从而进行纠正。我告诉自己，在我的人生之中，这次未能签订合约，只是我的经济收入时涨时落的一个小插曲而已。有的业务我做了，有的业务我没做。我做过了的那些业务，可能让我感到满足，因为我会把它们与我没有做的业务进行一番对比。我专注于保持公平客观的立场，并且以一种超脱的方式应对这种局面，尽管我的自我的内心独白在大声地抗议："但这并不公平！这是错误的。"我把这种情形只看成是一种让我分心的情形。我会把这种情形当成它原本属于的那种情形来看待，而不是当成我的自我想要它变成的那种情形来看待。

在这个例子中，DOC 的循环包含了我在整个过程中的有意识的参与：我看到了自己内心产生的愤怒和失败感，超脱地观察了内心对白，并且纠正了我对这种对白的反应。当我以这种方式完成了 DOC 循环时，焦虑情绪平息了，内心对白安静了。一开始，那些情绪在 15 分钟之内依然再度袭来，而我也许开始沉浸在焦虑之中，但是我对下一个循环做出规定，要纠正自己的行为。我并没有把我在这件事情上的处理方式判断为好或者坏。

我咨询一位同样遇到过这种情形的朋友时，一直采用了这种不偏不倚的观察者的视角。我争取清醒地知道自己可以选择怎样对这些感觉做出反应，而我的目标是不沦落为自己个性的条件反射的受害者。我希望有意识地养成一种使自己超然度外的习惯，从而可以运用我的清醒选择的特权。在坚持 DOC 循环时，我回到焦虑状态之中的时间在稳定地缩短，焦虑的强度也变小了。到下一周开始时，焦虑情绪全都烟消云散。我觉得这样的意义十分重大，因为在我的人生之中，有一次我的业务被客户取消了，结果我烦恼了好几个星期，而且我的这种烦恼确实影响了我的生活质量。

在现实中，无论我的自我在多大程度上提出相反的意见，这种挫折也不会改变我的生活标准。我真正的自我知道那一点。收入依然会不错，而且我确实不需要这一部分收入来养家糊口。整个情形，最多只能算是麻烦，不能算是其他任何事情。

在那个星期余下的时间里，我只专注于问题的解决方案。星期一之前，我就用其他的业务填补了那两个星期的空缺，甚至还稍稍留了点儿时间继续写这本书。回想起来，那次失去的业务简化了我的生活，因为它使我能够平衡一下负担过重的工作日程。这次经历加深了我对 DOC 价值的理解，也让我更懂得 DOC 可以怎样使人生变得更充满冒险。

我在每一种可以想到的艰难局面中使用 DOC 方法。如果有人因为心情不好而朝我大吼大叫，我内心的反应是："有趣的事情开始了。让我去瞧瞧吧。"不过，如我说过的那样，我并不会将"完美地超脱于其他人的行为或者自己人生中的起起落落，完全不受其影响"当成目标。那会事与愿违，因为我是在用某种压力替代另一种压力。我会把"专注于练习 DOC 的过程，并且足够清醒地意识到我的内心独白，以便有机会使用 DOC"当成目标。

记住，当你将意识投入到对艰难局面的应对中时，必须在较短的时间内把握好自己的意识，至少一开始时要这样。否则，你会变得疲劳，然后可能面临失败。

如果你决定慢跑，不要第一天就去跑马拉松。练就那种体力和耐力，以便应对如此强度的运动，得花时间，也得经过一些练习。同样，自我控制所必需的毅力，也要通过每天的锻炼来逐渐养成。你可以首先从较短的跑步练习开始，并且让自己适当休息。如果你知道自己什么时候在努力，然后知道那意味着你专注于当前这一刻，那么，不管你现在离个人的目标还差多远的距离，你已经赢了。你的目标总是远离你的。这正是我们持续完善、不断提高的方式。

> 智慧并不是年龄的副产物。从你身边所有的人身上学习,同时也用自己的行为影响身边的人。

第 8 章
chapter8

教孩子，也从孩子身上学习

如果你有孩子，会自然想要将自己从过去的失败与成功之中学到的东西传授给他们。这样做是为了让孩子们不再重复我们已经经历过的学习过程。但是，具有讽刺意味的是，在许多方面，孩子们处理他们人生中的各种事情的方式和培养练习的心态，往往走在成年人的前面。我们有许多东西想教他们，但我们也有许多东西要从他们身上学习。

我曾尝试过将自己的知识传授给孩子们，但我发现，这并不是件容易的事。其原因在于，孩子们观察人生的视角与大人有着极大的差别。我指的是我们的视角，而不是我们优先考虑的事情。在后者上，我并不觉得大人和孩子之间有多大的差别。孩子们基本上想要一种安全感，想要大量自由支配的时间，希望体验到有趣的、没有压力的东西。难道大人们想要的东西和孩子们有什么不同吗？

但是，在某些方面，我们确实和孩子们不同，比如我们对时间的概念。在童年时期，我感觉上学的日子永远过不完。暑假似乎要过好几年的时间。时间过得格外缓慢。如果我告诉孩子们，我们下周将到某个特别的地方去玩，她们会因为不得不等待太长时间而大发牢骚。与此同时，我总是幻想着下个星期离现在还有一个月，所以在下周到来之前，我有时间完成所有的工作。如果我让孩子们在看电视或玩电脑之前先做完家庭作业，她们可能抗议说，半个小时的家庭作业要花好久才能做完。

相反，作为大人，我们通常觉得光阴似箭。我们感到时间不够用，要做的事情太多，而我们大多数人渴望再过一次年轻时的校园生活，那时的生活真是简单。随着年纪的增大，时间似乎飞逝得越来越快。一个季度接一个季度，一年又一年，似乎瞬间就成了过去。打个比方，我们 10 岁到 20 岁的时光，好像持续了一个世纪之久，然而，30 岁到 40 岁的时光，却好像只有两三年的光景。我真的不确定为什么会出现这种感觉，但我遇到过的大人，似乎都有这种感觉。这可能是因为，当你还是个孩子时，也许依然对这个世界的大多数痛苦一无所知，而当我们长大成人时，却对它们有着深切的体会。孩子们的生活不会像我们大人那样，急着要去做这件事，做那件事。

对时间的感知，是大人与孩子之间这种差别的固有组成部分。通常来讲，孩子们似乎对他们走到了人生的什么阶段没有感觉。今天就是今天，就是这样。他们活在当下，但那确实并不是他们自己的选择。他们的日子，就是那样的。所以，这里存在一个悖论。作为成年人，说到孩子们在做某些需要持之以恒坚持的事情时，我们教他们把精力放在当前，但令我们感到失败的一点是，孩子们不能理解这种观点。为什么要做一些需要长期坚持的、超出当前这一刻的范围才能实现的事情呢？他们只知道作为孩子的观察世界的视角。他们对未来没有概念。他们不理解，随着时间的推移，严守戒律和不懈努力可以给自己带来怎样的回报，但我们大人理解。在同样的这一瞬间，这个悖论既是他们的优势与劣势,也是我们的优势与劣势。

观察一项活动,比如钢琴练习。许多孩子不能理解练习的重要性,因为他们对能够很好地弹钢琴以及弹得一手好钢琴能带来怎样的愉悦,没有概念。这正是他们没有耐心的原因。为什么要练呢?然而,成年人确实理解练习的重要性,而我们的不耐烦恰恰由于完全相反的原因(即我们觉得自己总是弹不好钢琴,总是体会不到弹好钢琴带来的愉快,所以变得不耐烦)。我们对于弹得一手好钢琴是怎样的情形是有概念的,而那是我们不耐烦的原因。我们不可能在很短的时间里就弹得足够好。因此,作为成年人,可以试着去注意孩子们自然而然流露出来的无忧无虑的天性,他们为当下而活,也活在当下。努力帮助孩子们在成长过程中保持这种天性,但在现实中,这个世界会不断试图从他们身上剥夺这种天性。

对我来说,致力于实现我在本书里一直探讨的观点,其原因是明显的。它提高了我对人生的控制水平,让我可以选择正确的人生道路,在那条人生道路上,充满更多令人振奋的事情,而不是更多令人失落的事情。它让我活在当下,不论我在当前这一刻正在做些什么，它都能带给我幸福与平和。它既让我知道自己是一名清醒的选择者，又赋予我做出那种选择的特权。

我承认，我之所以告诉女儿们为什么练习，是因为它是一个我远没有完成的学习过程。如果不是通过自己直接的体验，我们学不会任何的东西。正因为如此，我试着采用两种方式来教。首先，我让女儿们回想她们的过去。她们可能不知道自己当前处在人生中的什么位置，但她们确实知道过去处在什么位置。我可以和她们探讨某个事件，要么是她们人生中出现的一个问题，要么是人生中的一次重要胜利，然后，我帮助她们理解，她们使那一事件有了怎样的特点，使得该事件令她们记得如此刻骨铭心。这有助于她们转移注意力，去和自己内心的观察者谋求一致。其次，我记得，当她们并没有被那个特定事件发生期间出现的情绪所淹没时，她们对我和她们的交谈最能接受。当我们单独待在车里时，以及她们的思考过程不会被外界的一些事情所打扰（比如电视或手机）时，我会和她们交谈。在交谈之初，我说了一些这样的话："孩子们，还记得上个星期你们对学校里发生的事情感到生气的情景吗？"我可能问她们，现在她们对那件事情是什么感觉。这使我有机会让她们知道，情绪可能怎样影响她们对那些事件的感知。在某一事件发生了几天甚至一周之后，我再和她们来探讨，便给了她们一个机会来采用更加超脱的视角，同时，我也给自己一个机会来决定怎样最好地掌控那些探讨。

不久之前，弹簧单高跷再度流行起来，我的大女儿收到了一件这样的礼物。在短短几天内，她真的很喜欢玩，我都没办法让她干点儿别的。与此同时，我的小女儿收到一张礼品券，可以让她在生日的时候去玩具店购买礼物。我带她到那家商店，使用礼品券时，她决定也买一根弹簧单高跷。好了，这样一来，弹簧单高跷制造厂家的营销部门就发挥其作用了，它们卖给我的小女儿一根看起来真的很酷的弹簧单高跷。这根高跷与大女儿的相比，只是多了一些塑料的装置，但其实同样是弹簧单高跷。当小女儿把她的高跷带回家时……你可能猜到了。大女儿抗议说，她的高跷太普通了，和妹妹的新高跷没法比。即使你在这两根高跷上蹦蹦跳跳时，它们给你的体验肯定是一模一样的，但我的大女儿觉得她被我们忽略了。

以下是我在这一局面下的处理方式，我感觉这种处理方式给我的大女儿留下了持久的印象。我给她两个星期的时间去仔细思考自己的渴望（渴望买一根和妹妹的一模一样的新的弹簧单高跷）。我告诉她："如果妹妹同意的话，你可以时不时和妹妹换着玩，在接下来的两个星期用高跷蹦蹦跳跳。"我对大女儿说，她玩高跷时正在体验的感觉，只是一些情绪，而且那些情绪是会消散的。这看起来难以相信。我还对她说："如果到两个星期以后，你依然觉得真的必须要买一根和妹妹的一模一样的高跷，我会给你再买一根。"

我知道，这是另一种情形的即时满足，它不可能带来任何持久的愉悦，而我希望她承受住那一刻的情绪。在两个星期的期限中，大约过了一个星期，两个女儿都对自己的弹簧单高跷玩够了。那两根高跷被我放到车库里，再也没人动过。两个星期过后，有一次我在开车时提醒旁边的大女儿关于我们之前的约定，问她是不是还想买一根新的弹簧单高跷。她感谢了我，并且说道："不要了，您说得对。我真的再也不在乎了。"我知道，在某种程度上，那次的经历将伴随她终生。

另一种将那些概念传授给孩子的方法是言传身教。我记得在我的童年时期，许多大人的行为大部分都不恰当。我们不可能控制孩子在一天中接触到的其他大人的行为，但是，我们自己的行为，对他们有着最大的影响。父母的行为，帮助孩子们在脑海中形成一种什么是可行的以及什么是不可行的感觉。行动一定比语言更有说服力。当我在工作中遇到困难的时候，我会晚些时候告诉孩子如何应对。我要等到孩子们已经成熟，可以知道如何应对那些艰难的局面时再告诉她们。如果我处在重重压力之下，我可能向她们稍稍透露一点儿，以便她们可以看到我是如何运用我的练习的心态来应对。孩子们总在看着你。她们不一定是有意识地看着你，但不管怎样，她们就是在观察你。我曾亲眼见证我自己最优秀的品质和最恶劣的恶行，都在孩子们身上得到体现。正因为如此，我在想方设法地了解，我在不知不觉中教了她们什么，同时，我会竭尽全力表现出优秀的品质。

许多成年人在这方面产生了错误的想法，他们觉得，由于某人比他们年轻，因此不可能从那些人身上学到什么。这既是一种以自我为中心的观点，也是一种不可靠的观点，让我想起了我此前做过的一些评论。我评价说，我们如此确定，由于我们生活在较晚的历史时段,一定比生活在遥远的过去的人们更加进化、更加高级。我遇到过许多年轻人,甚至是孩子,他们和我认识的一些成年人相比,是更成熟、更优秀的思考者。当今的孩子们要处理的事情,比许多大人在童年时期时要处理的事情多得多。因此,在更早的年龄,他们的脑海中便装下了更多的东西。例如,与我小时候在学校相比,我的女儿们接触代数等数学知识的年纪比我早了好几年。此外,倾听孩子们的观点也许非常具有启发意义,因为他们往往对自己的感觉更诚实,更愿意说出来。

我的小女儿一度参加过竞技体操的练习。作为父母,我们总认为那些活动对孩子们来说应当是有趣的,而不是让她感受到压力的另一个因素。不过,随着小女儿在竞争的等级上逐步提高,体操对她的身体以及练习时间的要求也极大地提高了。每个星期有三天时间,她放学回家后,只有大约 1 小时的时间坐下来。此时,她开始做家庭作业,吃一些零食。然后到体操房练习,一直练到晚上 9 点,再过大约半个小时才回家。吃过很晚的晚餐后,她经常要做学校的作业,一直做到将近晚上 11 点才能睡觉,第二天早晨又要在 6:15 起床,而且只有 45 分钟的时间来做好上学前的准备,然后再度开始这一循环。那个时候,我的小女儿刚刚 12 岁。我觉得她的负担太重了,但一开始,她感到这是自己想要的生活。然而,那个学年过了几个月之后,她向我透露说,她觉得自己从来没有时间"安静地坐下来"。她说,"我每次都是急匆匆地做事,做完这一件,马上要做下一件。我从来没有时间停下来。"

这些时光,为你提供了一个完美的机会来教你的孩子,同时也从孩子身上学习。倾听一下他们在关注着生活中的哪些方面。你在和他们畅谈真正要优先做的事情、全面的观察视角,并且鼓励他们运用练习的心态时,同时也在检阅自己一生中的经验与教训。你有没有遵循给孩子们提出的那些建议?你有没有把自己的优先事项教给他们?我不止一次在超负荷工作之后,告诉我的女儿们平衡工作与生活的重要性,并且对她们讲,有时候,为了维持那种平衡,需要对优先的事项进行重新调整。孩子们可以教给我们更多的东西,因为,如果我们在教他们的时候也倾听他们的想法,我们也可以从他们身上学习。

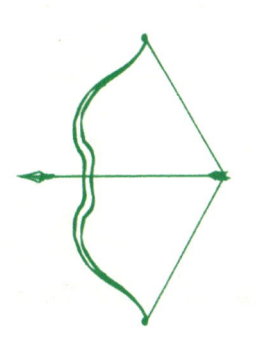

有了刻意的和反复的努力,进步便水到渠成。

第 9 章
chapter9

你的技能在成长

在人生中的每时每刻，你的技能都在成长。问题是朝什么方向成长。我在本书中介绍的知识，不论从哪个角度来看，都不是新的知识。它历经了人类几个世纪的传承，而且，每次传承到新一代人这里，都是一次重新学习。当理解了怎样工作，并且当我们与那种理解和谐相处时，会感受到一种控制感，我们可以放轻松一些，享受自己经历过的人生体验。

这些理解，命令我们停留在当前这一刻，

让我们意识到自己做的所有事情。这种意识让我们有机会控制自己做出的选择。它还教我们把思绪集中在过程之上，并用目标作为指引前进方向的指路明灯。当思绪停留在实现真正目标的过程中时，我们便会每时每刻都体验到一种成功的感觉。即使我们觉得自己不再专注于过程，那么，知道自己不再专注也意味着我们回到了当前这一刻。它还意味着在这种意识之中，我们已经走过了一段漫长的道路，着力将专注于当前的概念融入自己的生活方式中去。

有了这些理解，我们生活中的每个时刻都是最丰富、最完整的，我们在直接地而不是间接地体验着人生。当我们活在当下时，经历着人生中正在发生的事情，也体验着人生的真实状态，而不是通过对预期的过滤镜来体验，就好比我们在思考将来那样；或者，也不是通过对分析的过滤镜来体验，就好比我们依然停留在过去那样。我们许多人对当前这一刻的关注，所花的时间实在太少了。通常，我们要么在思考还没有发生的事情（也许永远也不会发生），要么在重新体验已经发生了的事情。我们浪费了每时每刻体验真实生活的机会，因为我们把自己的注意力放在了并非当前这一刻的生活上。

我们讨论了许多方法来帮助发展这种专注当前的技能,并且尽可能简化了形成这种专注于当前的心态所需的努力。当你开始在生活中的不同方面使用这些方法时,毫无疑问,你会体验到失败的时刻。不过,这些是想象中的理想的结果,在你的想象中,你觉得自己应当能够十分迅速地通过自己的付出获得新的结果。我们文化中的几乎每个领域,从教育体系到营销媒体,都在教我们运用这种极其有害的心态。教育界用分数使我们怀有这种心态,营销媒体则用无法达到的理想让我们生活在幻想之中。每个人都想成为第一,拥有最好的东西,以及成为拿到最高分的学生。然而,这种心态可能没什么用,如果我们想在人生之中谋求任何真正的幸福的话,就必须接受真正的挑战。记住,这种心态其实是一种习惯。通过我们的努力,可以让专注于当前变成我们的新习惯,这种新的习惯对我们的总体幸福感有益得多。我们对身边的人和环境的反应,也只是一些习惯。当我们的练习的心态和聚焦于当下的思维教我们这一真理时,我们便获得了强大的力量来选择自己将在个性中表现出那些特点。现在,是时候开始这样做了。

在结束前,我会这样说:所有的文化都始于扩展人们生存的能力与资源。如果某一文化还处在其初始阶段，那么，其中的人们最后会传承这样的观点：把所有时间都放在如何维系生存之上。他们到了这样的程度：可以问晚餐吃什么，而不是问是否有晚餐吃。他们有了更多的自由时间。此时，社会便来到了一个岔路口。有很长一段时间，我们一直站在这个岔路口上。在其中的一条路上，你至少可以花一部分的自由时间来提高自己的精神意识，增强对真实自我的了解。另一条路径会远离这一事实，通向毫无意识、自我放任、无穷无尽的循环之中，在这个循环的中心，我们试图填补大多数人在生活中体验到的精神空虚。不幸的是，所有伟大文化已经出现的（更重要的是，已经过去的）精神上的记录，都不是特别好的记录。我们可能、也必须从这种历史事实中学习。

如果关注那些构成我们日常生活中优先事项的大多数事情，你会注意到，在个人危机出现的时刻，优先事项看起来并不重要。相反，在这些时刻，我们通常很少关注的事情变成了至关重要的事情。我们自身的健康，我们的家人和朋友的健康以及我们觉得原创力是什么或者是谁，变成了我们的优先事项，而汽车上撞坏了的凹痕以及上个月紧巴巴的日子，就变成不太重要的担心了。不管你的宗教信仰是什么，我希望你感觉到，你在人生中获得的精神特性的方方面面，都将永远和你在一起。其他的一切，则不会如此。比如说，房子、工作和车子，都是外在的，不会和你在一起；但你自己，却是永恒的。

牢牢记住这一点，花时间定期回顾你在生活中学到的所有东西，并且回顾从你童年时期直到现在所走过的路。你会注意到，当你还是孩子时，玩具对你来说意味着一切，但时至如今，却对你没有任何重要的意义。你可能还注意到，你由那件玩具的记忆产生的愉悦，并不是关于玩具本身的，而是关于那个时候你那种生活的简单性。这种简单，深深地植根于"你只知道活在当前这一刻之中，对其他事情什么也不知道"的思想中。回首自己多年来拥有过的所有那些"东西"时，你开始发现，你真的并不再关心它们中的大多数了，而且，肯定不再关心那些物质的因素了。随着时间的推移，在你的心目中，汽车或者家具之类的东西已经失去了它们的重要性。你甚至还怀疑，你一开始从大多数那些东西之中看到了什么。

领悟的一刻，正是一个好时机，可以用来观察你是否正在重复某个过程，挣扎着想要获得一些你确信将结束你的焦虑与内心空虚的东西。你来到这个世界上的时候，只带着你真正的自我而来；你离开这个世界时，也只能带走你最真实的自我。你在精神上获得的一切，将丰富和发展你的真实自我，变成你永恒的一部分。我们需要跳下那列已经在即时满足的轨道上运行着的自我破坏的列车。所有那些有着持久价值和深刻价值的东西，都需要时间的沉淀和精心的培育，只有通过我们的努力才能到来。

我们大多数人都在某种程度上知道这个事实。我们只是被一些每天都在冲刷着我们的自相矛盾的信息流分心。你可以仔细选择在媒体上、电视上、音乐上或者阅读材料上获取一些什么内容，从而在一定程度上消除这些令你分心的东西。如果说那些内容不能使你的知识变得更丰富，那你就不需要它们。

更为重要的是，如果我们把发展练习的心态作为首要的任务，那么，这种变成的过程将成为一次冒险，而我们的内心将充满平和的感觉，而不是挣扎与痛苦。我已经将自己在人生中学到的东西归结到本书中。希望本书对你有所帮助，就像我的前人帮助我花时间来总结他们学到的东西那样。记住,这些道理与事实全都不是新鲜事。它们只是我们在几个世纪的学习与再学习的过程中得来的一些永恒的经验与教训,在如此漫长的岁月里,我们从那些曾经提问并且在答案中找到平和的人们身上学习。这就是有趣的事情开始的地方。

高效学习

《刻意练习：如何从新手到大师》
作者：[美] 安德斯·艾利克森 罗伯特·普尔 译者：王正林

销量达200万册！
杰出不是一种天赋，而是一种人人都可以学会的技巧
科学研究发现的强大学习法，成为任何领域杰出人物的黄金法则

《学习之道》
作者：[美] 芭芭拉·奥克利 译者：教育无边界字幕组

科学学习入门的经典作品，是一本真正面向大众、指导实践并且科学可信的学习方法手册。作者芭芭拉本科专业（居然）是俄语。从小学到高中数理成绩一路垫底，为了应付职场生活，不得不自主学习大量新鲜知识，甚至是让人头疼的数学知识。放下工作，回到学校，竟然成为工程学博士，后留校任教授

《如何高效学习》
作者：[加] 斯科特·扬 译者：程冕

如何花费更少时间学到更多知识？因高效学习而成名的"学神"斯科特·扬，曾10天搞定线性代数，1年学完MIT4年33门课程。掌握书中的"整体性学习法"，你也将成为超级学霸

《科学学习：斯坦福黄金学习法则》
作者：[美] 丹尼尔·L.施瓦茨 等 译者：郭曼文

学习新境界，人生新高度。源自斯坦福大学广受欢迎的经典学习课。斯坦福教育学院院长、学习科学专家力作；精选26种黄金学习法则，有效解决任何学习问题

《学会如何学习》
作者：[美] 芭芭拉·奥克利 等 译者：汪幼枫

畅销书《学习之道》青少年版；芭芭拉·奥克利博士揭示如何科学使用大脑，高效学习，让"学渣"秒变"学霸"体质，随书赠思维导图；北京考试报特约专家郭俊彬博士、少年商学院联合创始人Evan、秋叶、孙思远、彭小六、陈章鱼诚意推荐

更多>>>
《如何高效记忆》 作者：[美] 肯尼思·希格比 译者：余彬晶
《练习的心态：如何培养耐心、专注和自律》 作者：[美] 托马斯·M.斯特纳 译者：王正林
《超级学霸:受用终身的速效学习法》 作者：[挪威] 奥拉夫·舍韦 译者：李文婷